蒋青海◎编著

吉林科学技术出版社

图书在版编目（C I P）数据

新手养鱼 ：养水　选鱼　防病　鱼不病 / 蒋青海编著. -- 长春 ：吉林科学技术出版社, 2017.12
ISBN 978-7-5578-1788-6

Ⅰ. ①新… Ⅱ. ①蒋… Ⅲ. ①鱼类养殖 Ⅳ. ①S96

中国版本图书馆CIP数据核字(2017)第007734号

新手养鱼 养水 选鱼 防病 鱼不病

XINSHOU YANG YU　YANG SHUI XUAN YU FANG BING YU BU BING

编　　著：蒋青海
出 版 人：李　梁
图书策划：周　禹
责任编辑：周　禹　于潇涵
封面设计：长春创意广告图文制作有限责任公司
制　　版：长春创意广告图文制作有限责任公司
开　　本：710 mm×1 000 mm　16开
印　　张：14.5
印　　数：1-5 000册
字　　数：245千字
版　　次：2017年12月第1版
印　　次：2017年12月第1次印刷
出版发行：吉林科学技术出版社
社　　址：长春市人民大街4646号
邮　　编：130021
发行部电话/传真：0431-85635177　85651759
85651628　85677817
85600611　85670016
编辑部电话：0431-85630195
储运部电话：0431-84612872
网　　址：http://www.jlstp.com
实　　名：吉林科学技术出版社
印　　刷：长春人民印业有限公司
书　　号：ISBN 978-7-5578-1788-6
定　　价：35.00元

前 言

全书分为两部分：第一部分以图鉴的形式详细介绍了金鱼、锦鲤、热带鱼、海水鱼四个观赏鱼门类，并配以各鱼种的相关信息、注意事项、养护管理等方面的内容；第二部分则从观赏鱼的基础知识、病虫害防治、选水事项、鱼食饵料、饲养环境、水草类别等六个方面为读者提供浅显易懂、操作性强的饲养方法。希望本书能够帮助广大观赏鱼爱好者享受到养鱼的乐趣，时时刻刻体会、欣赏大自然无穷的神奇和乐趣。

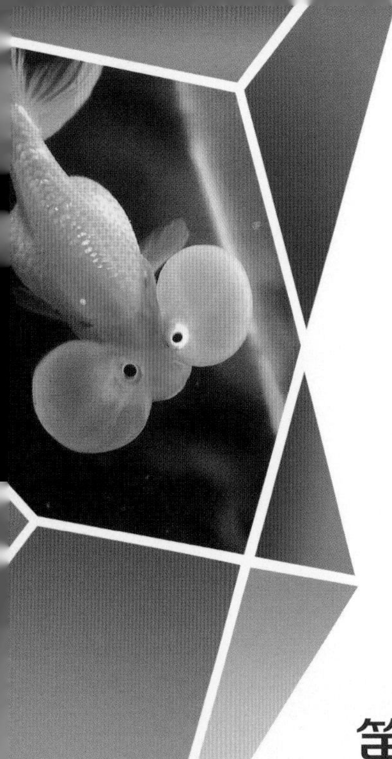

目录

Contents

Part Ⅰ

第一章 金鱼

第二章 锦鲤

阅读延伸

第三章 热带鱼

第四章 海水鱼

Part Ⅱ

第一章 观赏鱼基础知识速递

阅读延伸

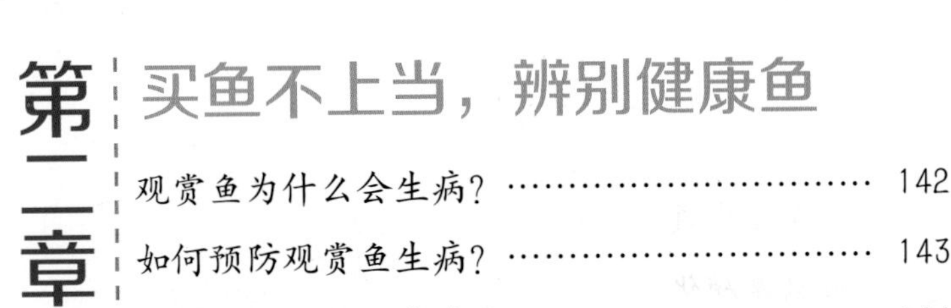

第二章 买鱼不上当，辨别健康鱼

阅读延伸

第三章 养鱼先养水

阅读延伸

第四章 喂鱼食的大学问

阅读延伸

第五章 鱼儿的安乐窝

第六章 青青水草，悠悠鱼心

PART Ⅰ

第一章 金 鱼

玻璃金鱼

常见品种：玻璃狮子头、玻璃龙睛、玻璃五花金鱼等。

鱼体特征：鳞片没有颜色，鱼体透明。

注意事项：为何金鱼名称上用“玻璃”二字，其实这是指一种软鳞的金鱼。这种鱼的鳞片没有颜色，比较透明，其体表好像是盖了一层玻璃似的，肚子里面的脏器都能看见，这是由于鳞片中不含色素造成的。不过，有时从报纸、杂志上看到“玻璃五花金鱼”这种名称，就不知道这种鱼是什么形状和色彩了，因为从理论上说，既然称为“玻璃”，就应该是透明的，其“五花”又从何而来呢？可能是各地饲养者对鱼名的称呼、认识不同，所说的“玻璃”并不是指其外表透明，而是另有所指。

金鱼命名一般遵循按变异命名，按色泽命名，按产地命名等原则。

水泡金鱼

常见品种：红水泡、白水泡、蓝水泡、五花水泡等。

鱼体特征：鱼背光滑无背鳍，偶尔鱼背有背鳍。

注意事项：金鱼爱好者都知道，水泡金鱼背上是光滑没有背鳍的。可是，有时又能在水族馆或出售金鱼的摊子上看到有背鳍的水泡金鱼，让人觉得很奇怪，这是怎么一回事呢？首先，懂点遗传学知识的人都知道，这种无背鳍的水泡金鱼是经过许多代的选种，通过逐渐变异慢慢形成的。这一代是无背鳍的，但其前一代或前几代可能是有背鳍的。从遗传规律上说，其下一代对于上一代的特征，有时显现出来（称为显性遗传），有时却并不显现出来（称为隐性遗传）。对于某种特征来说，有时在下一代就显现，有时则是在第二代、第三代，甚至第四代才显现出来。所以，在无背鳍水泡金鱼的繁殖中，其下一代或三代、四代中显现其祖辈的某种特征是完全可能的。

辨识鱼龄最好的办法是把鱼的鳞片放在放大镜下去识别，从放大镜下去看鱼鳞上的线纹可以数出金鱼的准确年龄。

蛤蟆头金鱼

常见品种：五彩蛤蟆头、朱砂眼蛤蟆头、红白蛤蟆头等。

鱼体特征：头扁平，嘴宽扁，眼球突出。

注意事项：蛤蟆头金鱼是一种并不多见的品种，但由于这是一个尚未定型的品种，遗传基因尚未稳定。这种鱼眼球周围有一层薄薄的皮肉包裹，嘴巴两侧和眼球下面有很发达的肉瘤，很像蛤蟆，因而被称作“蛤蟆头”。由于这种金鱼只是头形有些怪异，而且不多见，会使人觉得很新鲜。其实不论是体形还是体色，都并不美，很少有人把它作为选种的对象。

鉴别金鱼的优劣一般从形态、色泽、动态三个方面入手，择优选取。

朝天龙金鱼

常见品种：红朝天龙、蓝朝天龙、红白花朝天龙等。

鱼体特征：眼球朝天。

注意事项：朝天龙金鱼由于眼睛朝天的罕见特征而受人欢迎，也因为这一点而声名远扬，但是为什么有些朝天龙金鱼的眼睛并不朝天，而是朝着前方或朝着两侧呢？这是因为任何生物都具有适应环境的能力，为了适应环境甚至可改变自身原来的形态。当人们投给朝天龙金鱼的饵料经常沉在水底时，这种金鱼就不得不经常游向缸底觅食，其眼睛也就不得不朝下去寻觅食物，长此以往，经过几代的时间，这种金鱼就会在形态上产生变异，原来朝天看的眼睛就变成朝前看或朝两侧看了。由于朝天龙金鱼的这种特征是很具欣赏价值的，饲养时就有必要尽量保留它可贵的特征。具体的做法是，尽量只喂红虫等浮性饵料，让它朝上看才能找到食物，如果经常这样做，就可以让这种金鱼继续保持朝天看的特征。

TIPS

在金鱼的鱼鳍中，最有观赏价值或者说最能显示金鱼美姿的要数尾鳍。尾鳍可以使金鱼在游动时显得飘逸而潇洒，仪态万方。

珍珠鳞金鱼

常见品种：五花珍珠鳞、蓝狮头珍珠鳞、红白高头珍珠鳞等。

鱼体特征：鱼鳞中含有多量的石灰质，每个鱼鳞都十分饱满、鼓起，犹如粒粒珍珠，且在鱼的体表上排列得整整齐齐，极具美感。

注意事项：养这种金鱼要做好下面几项工作：

1. 挑选品种纯正的雌亲鱼和雄亲鱼各若干尾。2. 饲养的容器最好是比较光滑的陶瓷质敞口鱼缸，也可以用长了青苔的水泥池。饲养珍珠鳞金鱼的密度要稀，而且鱼缸的壁应是光滑的，不能用粗糙的。因为珍珠鳞金鱼的鳞是向外突出的，如若和缸壁碰擦，鳞片就会脱落。3. 珍珠鳞金鱼要喂精饵料，最好每天投喂新鲜的红虫等活饵料，从幼鱼期开始就要这样做，而且投食量要充足，甚至每次都能见到有少数红虫剩余，保证它能吃饱。4. 掌握好换水的节奏，做到合理适度地换水，使珍珠鳞金鱼能得到适度的新水刺激。

三伏天是金鱼变色的最佳时期，天气转凉变色就停止，需待来年再变色，所以必须搞好金鱼变色期间的饲养管理。

文种金鱼

鱼体形态：体短而圆，头形有尖、宽两种，腹圆，眼小平直，不凸于眼眶外，有背鳍和四开大尾鳍，犹如“文”字。

体　　色：体色多为红、红白、红黑、蓝色、紫色和五色花斑等。

常见品种：

（1）红高头（又称红帽子） 头上长有草莓状的肉瘤堆，体短而圆，鳃盖、鼻隔正常，通体红色、莹亮。体色蓝者，称蓝高头或蓝帽子；体色紫者，称紫高头或紫帽子。

红高头

（2）鹤顶红（又称红头帽子） 全身鳞片呈银白色，闪闪发光，头平宽，头顶部长有红色方形肉瘤，似鹤顶红冠，故得名鹤顶红。随着年龄的增长，头顶的红色方形肉瘤逐渐发达，甚至像蘑菇样铺及两眼上眶，鳃盖及嘴的两侧也长有乳白色肉瘤，两眼凹陷于肉瘤中，眼圈如兔眼，呈红色者为上品。

鹤顶红

红狮头

朱顶紫罗袍

（3）红狮头 与红高头不同的是，红狮头的肉瘤不仅限于头顶，还包裹头顶部两侧，嘴、眼皆陷于肉瘤中。此鱼身体短圆肥胖，尾大舒展，幼鱼期生长迅速，是国内外的畅销品种。

（4）五花狮头 体形优美，各鳍发达，肉瘤高耸，身体以浅蓝色为底色，而且这种蓝色以蓝得发亮、发鲜者为最佳，肉瘤的颜色以纯红为佳。

（5）朱顶紫罗袍（又名朱顶紫龙袍） 整个头部被鲜红艳丽的草莓状肉瘤笼罩，身躯为深紫色，尾鳍长大，游动时的形态颇显端庄文静、雍容华贵，是金鱼中的珍品。

（6）玉顶高头（又名玉印顶帽子或玉印头） 由红帽子变异而成。全身通红，唯头顶正中长有一银白色呈方印状的肉瘤，故得名。此银白色肉瘤可因水质变化的刺激及随年龄的增加而逐渐覆盖头的顶部。

菊花头

（7）菊花头 由狮子头金鱼变异而成，其头部的肉瘤更加丰厚发达，并向四周展开，肉瘤凹凸呈若干条块状，造型非常奇特，俯视其造型犹如一朵初开的菊花。此鱼是狮子头类中难得的品种，可遇不可求，因其稀少，目前尚不能批量生产。在饲养中，如侥幸获得，一定要单独饲养于池中，投喂优质饵料，精心照料，以保证其体腹丰满，延长寿命，代代巩固。

五花珍珠

（8）五花珍珠 体表镶嵌五彩缤纷的花纹，尾大身圆，潇洒迷人，游姿非常高雅。其中体色以浅蓝色为底的又称蓝花珍珠，是有经验的饲养家和养殖场必不可少的品种。我国以苏州培育的蓝花珍珠最为优秀，和五花狮头一样享誉海内外。

（9）紫珍珠 通体紫色，紫色泛红，头部色泽略深，闪耀着紫铜色光泽。珍珠鳞片粒粒饱满，集中于腹侧，很是高雅，总体上给人以古色古香之感。

（10）蓝皮球珍珠 头尖，尾小，腹部圆胖，通体浅蓝色，在阳光照射下，鱼体蓝光莹莹，显得神秘莫测。

TIPS

从外表判别金鱼的年龄，可从很多方面进行观察，如金鱼年龄越大，鱼鳍就越长；老龄金鱼的胸鳍长而弯曲，嘴尖部颜色苍白，游动迟缓；水泡逐渐萎缩，鳞片也变得暗淡无光。

龙种金鱼

鱼体形态：体形粗短，头平而宽，各鳍发达，眼球膨大而凸出眼眶，眼球形状各异，有圆形、梨形、圆筒形及葡萄形。

体　　色：常见的有红、白、黑、红白花、五色杂斑等。

常见品种：

（1）红龙睛　又称红龙、红牡丹、一品红、大红袍，是龙睛金鱼中最基本的品种之一。优异的红龙睛身体短而阔，两眼大而匀称，尾鳍大而舒展，又称蝶尾。游动时尾鳍潇洒飘逸，是最优秀的品种之一。

红龙睛

墨龙睛

（2）墨龙睛　也叫黑龙、乌龙，通体乌黑。因为黑色是严肃、庄重的象征，故颇受赞扬和重视，有“黑牡丹”之美称。好的品种乌黑闪光，像黑绒墨缎。国内以徐州、安徽等地的算盘珠龙睛品相最好，眼球圆大似算盘珠状，体短尾大，其中蝶尾量多质优，领先于国内同类品种。

（3）墨龙睛球　是墨龙睛的变异品种，通体乌黑泛光，鱼腹光洁圆润，两眼球外突，头部前端生有两肉瘤，随鱼游动而微微摆动，似两只花球。紫龙睛球、珠球墨龙睛也极为珍贵。

（4）望天眼　也叫朝天眼、望天龙，是龙睛鱼的双眼球向上转90°、背鳍消失的变异品种。其眼圈晶亮无比，如将鱼缸放在暗处，则有未见其身先见其光之妙。因为有仰望天子的寓意，曾是清朝宫廷中最得宠的品种之一。有红望天、蓝望天、红白花望天、五花望天等品种。

墨蝶尾龙睛

（5）墨蝶尾龙睛　又称墨蝶尾或墨龙睛蝶尾。通体漆黑如墨，光泽照人。体形与墨龙睛相同，唯独尾鳍形状很像蝴蝶，鳍边缘向体前方勾屈，占体长的2/3，宛若一把打开的彩色折扇，静若孔雀开屏，动若蝴蝶展翅。其品种有红蝶尾、红白花蝶尾、五花蝶尾等，一直是国际市场上畅销的名贵品种，也是中国金鱼产业的一大支柱。

（6）朱砂眼龙睛黄帽子 又称朱砂眼龙睛黄高头。两眼间头顶部生有黄色草莓状肉瘤堆，眼呈朱红色，体色银白，鳍黄色，三色搭配得非常醒目，淡雅艳丽，游动时长大的尾鳍轻柔飘逸，妙趣横生，实为珍品之一。另外还有红白花龙睛帽子、紫蓝花龙睛帽子、墨红花龙睛帽子等品种。

（7）五花龙睛 是由透明鳞鱼与龙睛鱼杂交而成的新品种，大部分为透明鳞，小部分为正常鳞。身上有红、黑、白、黄、蓝五彩色斑，光彩夺目。其中有的以红色为底色，有的以蓝色为底色，底色为蓝色的品种最珍贵。此外，还有蓝龙睛、紫蓝花龙睛、透明鳞龙睛等。

五花龙睛

（8）喜鹊花龙睛 鱼体基调色为蓝色，头、吻、眼、鳍为蓝黑色，隐若有光，腹部银白，鱼体黑白分明，酷似喜鹊身上的花，故而得名。该品种虽然美丽，但仔鱼在发育过程中会发生褪色变化，遗传率很低，始终未能建立起一个色型稳定的品种群。

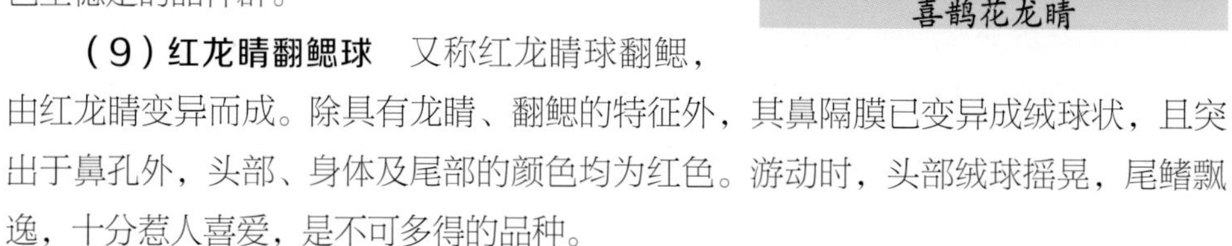

喜鹊花龙睛

（9）红龙睛翻鳃球 又称红龙睛球翻鳃，由红龙睛变异而成。除具有龙睛、翻鳃的特征外，其鼻隔膜已变异成绒球状，且突出于鼻孔外，头部、身体及尾部的颜色均为红色。游动时，头部绒球摇晃，尾鳍飘逸，十分惹人喜爱，是不可多得的品种。

（10）红头龙睛帽子 由红头龙睛变异而成。体色洁白如玉，莹光闪闪，在两眼之间的头顶部长有朱红色的肉瘤堆，非常鲜艳，红白相映，使鱼体显得更为娇嫩艳丽，引人注目，也是珍贵品种之一。

TIPS

金鱼一般都在室内饲养，但金鱼是特别喜爱阳光的，如果缺少了光照，不仅生长发育不好，而且体表的色彩也会逐渐暗淡无光。

蛋种金鱼

鱼体形态：无背鳍，体短而肥，背部弯曲似弓状，身体椭圆形似蛋状；头平而宽，眼平直不凸出；尾四开，有长短之分，但小尾居多。

体　　色：常见的有红、白、五色花斑等。

常见品种：

（1）红水泡　通体鲜红，具有典型的蛋种鱼特征，各鳍长度适中，唯眼的构造变异较大而特殊，即在眼珠下方长出内含淋巴液的大水泡，晶莹剔透。鱼潜游于水中显得娇小玲珑，头部两侧犹如两个大灯笼的水泡不停地摆动，极富特色，姿态十分喜人。

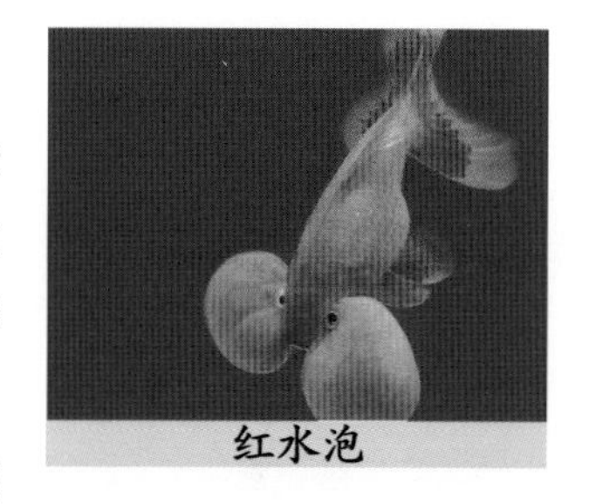
红水泡

（2）五花水泡　其特征与红水泡相同，只是体色呈蓝、红、黄、白、墨色斑纹，格外醒目。

五花水泡

（3）红虎头　又叫寿星头，头部草莓状肥厚之肉瘤堆包裹头顶及部分两颊。通体朱红，色彩鲜艳。身体短而圆，背部弯曲呈弓状，且光滑无鳍，其他各鳍短小，故更显其蛋圆之特征，是典型的蛋种鱼的又一类型。按其体色还可分为银虎头、黄虎头等。

红虎头

（4）五花虎头　背部平直，延伸至尾柄的上部才向下弯曲。头部肉瘤丰厚饱满，布满点点色彩；腹部肥圆有弹性，整个身体呈弯曲的弧线状，动作缓慢。身体以蓝色为基调，被蓝、黄、黑、白、红五种颜色所覆盖，似身披彩绸，显得五彩缤纷，光彩夺目，属虎头金鱼中的名贵品种，颇受大众的喜爱。

五花虎头

（5）红绒球　通身朱红色，体短而肥，背微弓、光滑，臀鳍和尾鳍均较短小，主要特征是鼻隔膜变异形成一对肉质绒球突出于鼻孔之外。

（6）五花绒球 全身分布有红、白、黄、黑、蓝五彩缤纷的花纹图案，两个绒球的颜色与其体色基本一致。若能放置在清净的水体中饲养，则更能显出其鲜艳的五彩斑纹，使观赏者久看不厌。

（7）红丹凤 通体红色，体稍长，背部光滑平坦，头稍尖圆滑，无肉瘤，眼、鳞片、鳃盖、鼻和头部均正常。虽然体形属于蛋种，但却有着文种金鱼的大尾巴，尤其是双臀鳍、双尾鳍均特别长大，且鳍薄如蝉翼，像传说中凤凰的尾巴，游动时尾鳍轻摇，似轻纱飞舞。

（8）素蓝花水泡 身着蓝、黑、白、黄诸色斑点，头部两侧生有一对玉色水泡，鱼体光泽素雅，尤以蓝色斑点均匀分布者为上品。

（9）朱砂水泡 周身洁白，唯头部两侧生有一对朱红色或橙红色的水泡眼，光彩夺目，与体色相映，浑然一体。在清水中潜游，只见一对红泡姗姗而来，鱼体晶莹剔透，显得分外娇贵。

（10）红玉印水泡 通体洁白，两白水泡间的头顶正中生有一块红色平肉瘤，好似一块方方正正的玉印，是近年来新培育成的极难得的珍稀品种。

TIPS

初次养金鱼者不妨先养些饲养条件要求不高、适应性强的金鱼，如红龙睛、草金鱼、红绒球等，这些虽不是上品，但体态和颜色还是很美的。

金鱼在形态上有哪些特点?

(1) 体形

金鱼一般是被家养的，生活在一个不太大的盆或缸中，因此其游动的范围较小，经过漫长的岁月，原来像别的鱼类那样的狭长体形就逐渐变得短而宽了，游动的速度也逐渐变得缓慢了。

(2) 头部

不同类型的金鱼，头部的形状各不相同，有尖头、平头、鹅头、狮头等。尖头和平头的金鱼，头部不带瘤；鹅头金鱼在两颊的部位长着肉瘤；狮头金鱼的头顶和面颊上都有肉瘤。有些狮头金鱼头部的肉瘤大得像个大水泡，把整个头部全包在里面，十分突出。

(3) 眼睛

金鱼的眼睛和其他鱼类也有很大不同，除草金鱼的眼睛和别的鱼差异不大以外，像龙睛、望天睛、水泡眼、蛙眼的眼睛都比较大，尤其是龙睛金鱼的眼球大得像黄豆似的凸于眼眶之外。

(4) 鼻部

金鱼的鼻孔和一般鱼的鼻孔也有些不同，尤其是一种名为绣球金鱼者，其鼻隔特别发达，形如一朵小花似的生在鼻孔的外面，就像是两个小彩球。

(5) 鱼鳍

金鱼的胸鳍因品种而异，草金鱼的胸鳍有很多条，较尖长；另一种叫蛋种金鱼的胸鳍较少，且短而圆；其他品种金鱼的胸鳍则大多为长三角形，鳍端较尖。不论哪个品种的金鱼，雄金鱼的胸鳍都比雌金鱼的胸鳍长些、尖些。

(6) 鳞片

不同品种的金鱼，其鳞片也各不相同，一般可分为三类：一类是正常鳞，这种鳞片是由含有色素的细胞所组成；第二类是透明鳞，这种鳞片不带反光质，也没有色素细胞，很像是无色素的透明塑料片；还有一类是珍珠鳞片，每个鳞片边缘的颜

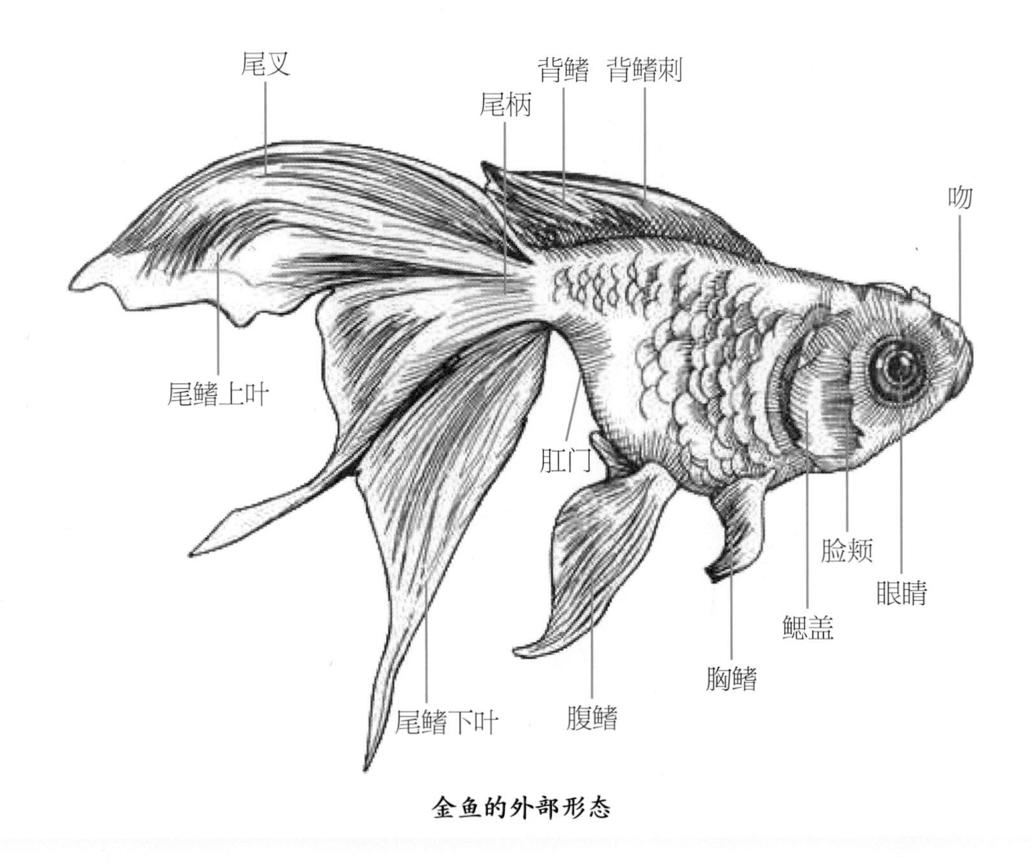

金鱼的外部形态

色较深，中央部分的颜色较浅而且凸起。

（7）鳃盖

随着品种的不同，金鱼鳃盖也是多种多样的，有普通鳃盖、透明鳃盖、外翻鳃盖和肉质鳃盖等。有不少金鱼鳃盖的后缘向外翻转，其后部鳃裸露在鳃盖外面，这类金鱼的鳃俗称翻鳃。

（8）体色

金鱼的体色有单一和混杂色两大类。单色的有红、橙、紫、黄、白、蓝、黑等；混杂色由两种或两种以上颜色构成。

如何辨别金鱼雌雄？观察法→雄鱼体形较长，雌鱼一般体型短而圆。触摸法→雄鱼的小梗较硬，雌鱼的小梗柔软。

金鱼有哪些内、外部器官，各有哪些功能?

金鱼体内的器官，除了水生动物特有的鳔和鳃以外，还有心脏、肝脏、肾脏、脾脏、食道、胃、大肠、肛门、输尿管、输精（卵）管等。其外部器官有眼和鼻以及胸鳍、背鳍、腹鳍、臀鳍、尾鳍等。

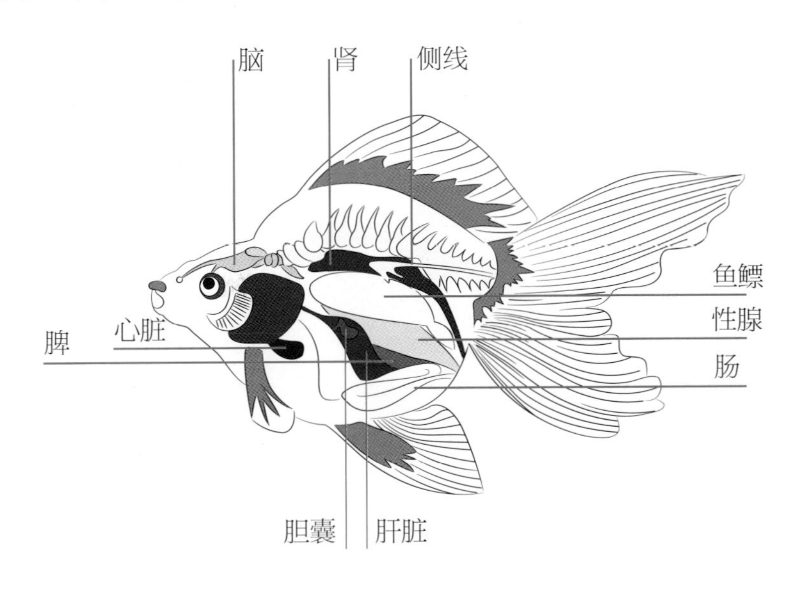

金鱼的内部形态

金鱼的神经系统控制着各种活动。和其他鱼类一样，金鱼有嗅觉、视觉和味觉，却没有听觉，它是依靠身体两侧的侧线来感知外界声音的。金鱼没有肺，是用鳃来呼吸的，鳃上的鳃丝可以用来过滤溶解于水中的氧气。金鱼的胃很小，不能贮存食物，但食量却很大，不论白天黑夜，只要有食物，就能不断进食。它的消化和排泄器官很独特，可以一边吃一边消化并进行排泄。

鱼鳔的作用是控制鱼体的浮沉和平衡，鳔内充气多时鱼体即可上浮；将气体排出时，鱼随即下沉。鱼鳍则专管鱼体的前进、后退和停止，而鱼尾则控制鱼身前进时的方向。

挑选种鱼一般从形态与血缘、性腺、年龄、肥胖度、雌雄配比等几个方面去考虑。

怎样测量金鱼的大小?

金鱼的大小，一般是指全身和各部分的长度，各部分的测量起迄点均有标准可参照。

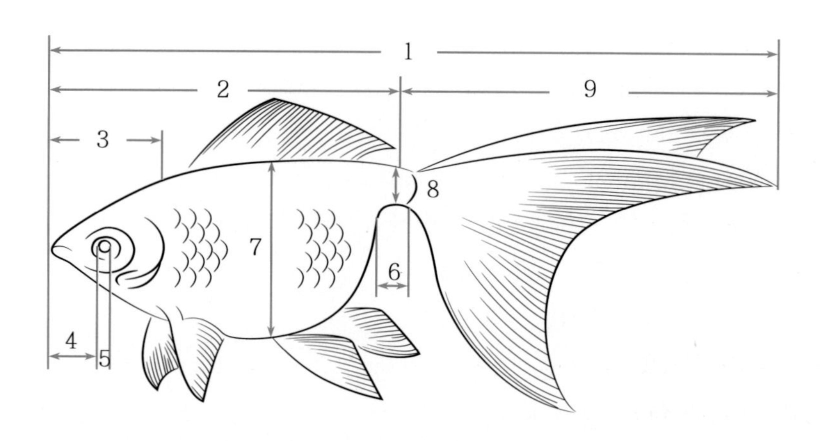

鱼体测量示意图

1.全长 2.体长 3.头长 4.吻长
5.眼径 6.尾鳍长 7.体高 8.尾柄高 9.尾长

全长：从口的前端到尾鳍末端的长度。

体长：从下颚的前端到尾鳍根部的长度。

头长：从吻端到鳃盖后缘的长度。

吻长：从吻端到眼圈前缘的长度。

眼径：眼圈的直径，包括瞳孔周围发亮的地方。

尾鳍长：尾柄末端到尾鳍的长度。

体高：背鳍前端至腹部前基部的垂直高度。

尾柄高：尾鳍鳍背根上部至下部的高度。

尾长：尾鳍末端到尾鳍根部的长度。

控制金鱼的生长发育，一般从饲养密度、饲养用水、适当使用植物性饵料、降低水温等四个方面考虑。

金鱼怎样分类?

金鱼的种类繁多，就其外形的不同，可将其分为文种、龙种、蛋种、鲫种四大类。

(1) 文种

由于其在水中的体形类似“文”字而出名。这种金鱼的体形特点是短而圆，双眼和一般鱼类近似，小而平直，并不凸在眼眶之外，头部所占比例较小，嘴略尖，全身各部分的鳍都比较发达，尾鳍分叉，体色多为红、红白、蓝、紫、黄和多色杂斑等。

珍珠

其代表品种有高头（又称“帽子”）和珍珠。通常可以见到的品种有：红色文种、白色文种、鲫色文种、红白花文种、素花文种、透明软鳞文种（粉红色）、红帽子、白帽子、蓝帽子、黄帽子、紫帽子、黑帽子、红头帽子、素花帽子、五花帽子、齐鳃红、鹤顶红、红珍珠鳞、白珍珠鳞、朱顶紫罗袍、红帽子翻鳃、红白帽子翻鳃、软鳞红白花帽子、红珍珠鳞、白珍珠鳞、红光背珍珠、蓝帽子绒珠、紫珍珠、五花绒球、朱砂眼黄帽子、玉顶帽子等。

(2) 蛋种（蛋金）

蛋种类的金鱼统称“龙背金鱼”，俗称“秃背金鱼”，由于其体形宽、短而圆，加之背上的背鳍已经退化得光秃秃的，整个身体近于蛋形，故而被称作蛋种。

蛋种

蛋种金鱼虽然没有背鳍，却有成双成对的臀鳍和尾鳍。根据具体品种的不同，其鳍的大小、长短和形状有较大的差异。其中水泡、绒球、虎头等品种的鳍比较短小，且端部较圆；红头、丹凤、翻鳃等品种的鳍则比较宽、大；有的品种如大尾虎头，其尾鳍的长度往往可以超过身体的长度。

蛋种金鱼的体色多为红、白或五色花斑，有不少著名的品种，生长速度快，生命力特强。在这方面，龙种、文种金鱼都远远比不上。蛋种金鱼的常见品种有红水泡、银白水泡、黑水泡、紫水泡、朱砂水泡、铜色龙背、鲫色龙背、红龙背绒球、蓝龙背绒球、白龙背绒球、红虎头、红头虎头（又名红顶白寿星）、白虎头、黄虎头、五花虎头、狮子头（无背狮子头）、蓝望天眼、红水泡帽子、朱砂眼水泡（红色的眼睛一般统称为朱砂眼）、红翻鳃、鹅头红、五花翻鳃、蓝丹凤、珍珠鳞水泡眼等。

（3）龙种

十二红龙睛

这种金鱼被认为是金鱼的正宗，是金鱼的典型品种。这种金鱼的一个最重要的特点是眼球特别大，而且凸出于眼眶之外，很像龙的眼睛，所以这种金鱼也被称为“龙睛”。这种金鱼的眼球还有圆形、圆筒形、梨形、葡萄形之分。此外，这种金鱼在体形方面也有明显的特征，那就是身体很短，几乎接近圆形，头部扁平，嘴吻很短，背上有背鳍。常见品种有红龙睛、蓝龙睛、紫龙睛、黑龙睛、红白花龙睛、红白花透明软鳞龙睛、喜鹊花龙睛（稀有品种）、黑龙睛球、十二红龙睛、龙睛帽子、紫蓝花龙睛帽子、玻璃泡眼龙睛、五花珍珠鳞龙睛翻鳃绒球、黑珍珠鳞龙睛、红望天、朱鳍白望天、红龙睛翻鳃、蓝望天、朱砂眼龙睛黄帽子、墨龙睛狮子头等。

（4）金鲫种（草金鱼）

这种金鱼是金鱼的原始类型，其身体形状和我们常见的鲫鱼差别不太大，形如纺锤，鱼体扁平而狭长，头扁而尖，眼睛很小，尾鳍短，单尾，不分叉，但有一种燕尾草金鱼，则有长而大的尾鳍，背鳍也比较长，体形较为短圆。

草金鱼有红色、银白色、花斑等体色，其体质较强健，游动敏捷，性格凶猛，对食物不太挑剔，生长较快，因而饲养起来比较省事。这类金鱼胆子大，不怕人，若驯养得当，能响应人的拍手声而列队群游。饲养者若将鱼粉等饵料投撒在水面上，这种金鱼会浮集在水面上争抢食物，极为活跃，很受人们喜爱。

金鱼的体色有红、蓝、紫、黑、白等，复色的还有紫蓝花、红白花、五花等，其中除了黑色、紫色、蓝色是原本就具有的颜色以外，五花是由无色透明的鳞转变而来的，红色和白色的金鱼是由青色演变出来的。

金鱼发情有什么迹象?

金鱼在发情时，雄鱼和雌鱼都有明显的迹象显露出来：雄鱼是否性成熟可表现在胸鳍和鳃盖上。性成熟时，其第一根胸鳍条上会有许多小白点，俗称“追星”，接着，第二根、第三根胸鳍和鳃盖也会出现小白点；雌鱼性成熟时，腹部会椭圆形地膨胀起来，腹部两侧都凸出得像半个球似的。若此时将雌雄金鱼放在同一缸中，雄鱼就会紧紧地追逐雌鱼，并将身体靠近雌鱼，不停地摆动尾鳍；雌鱼则会活跃地游动着，并不断地用嘴触碰水草，钻进水草丛中等待，待雄鱼追上后，雌鱼又往更密的水草中游窜，这些都是雌鱼发情并且即将产卵的迹象。

对种金鱼该做些什么培育工作?

种金鱼选好以后，从当年的秋季起，就应有意识地开始做些培育工作，给予特别的养护。这样做有两方面的意义：一是可以保护种鱼安全过冬；二是促进其性腺继续发育，达到种鱼在来年春天提早产卵的目的。

培育种鱼有哪些措施呢?

首先要增加种鱼的营养，在饵料中多给予含蛋白质成分高的食物，多喂鱼虾粉或虫类。此外要适当提高饲养水的温度，以加快鱼体的新陈代谢，促进金鱼性腺的发育；还应增加光照的时间，以促进金鱼有旺盛的性欲，并使其顺利产卵；适当注入新水，使水中溶氧量充足，保证种鱼健壮活跃。

金鱼的放养密度并不固定，要根据四季气候的变化及时调整。一般要掌握夏稀、春秋适中、冬密的原则，若有机械充氧设备，其放养密度可提高25%～33%。

金鱼的人工授精怎样操作?

金鱼的自然繁殖容易受到环境、水温等各种条件的限制，不论在繁殖的质量还是在繁殖的数量上都会受到一定的影响。为适应金鱼养殖业的发展和培育出金鱼的优良品种，人们摸索出了人工授精的技术。人工授精有两种做法可供选择：

（1）水中授精法

在发现金鱼已经到了繁殖期，雄鱼紧紧追逐雌鱼，且雌鱼已有少量排卵时，应立刻用一个类似面盆的敞口缸，装进半缸清水，一只手执雄鱼，另一手执雌鱼，使雄雌鱼的泄殖孔相对。先将雌鱼头朝手心，尾部顺着手指散开，中指顶住鱼的腹部在水中轻轻抖动，让鱼卵频频产出并散布在水中。同时，另一只手用同样的方法轻轻挤压雄鱼腹部的两侧，来回抖动让精液排入水中，且用手将精液散开，使卵子和精子在水中互相接触，当卵粒由透明转为淡黄色时，就说明已成为受精卵了。

（2）空气中授精法

先将性成熟的雌鱼（即有明显被追逐现象的雌种鱼）捞出，用消毒过的卫生纸吸干鱼身上的水，将鱼握在手中，让泄殖孔对着干净的玻璃杯口，然后用拇指轻轻挤压其腹部（胸鳍以下部分），让卵子徐徐排入杯中。接着用同样方法捞出并握着雄种鱼，轻轻挤压其后腹两侧的精巢部位，挤出精液，排入杯中，再用干净的羽毛轻柔地搅拌，让精子与卵子充分接触。

若雌鱼多，排出的卵子量大，而雄鱼的精子量小，则可在精子中加入适量0.7%的生理盐水，稀释后再倒在卵子处，让其受精，倒入时可边倒边轻轻搅匀，约10分钟后，再将受精卵徐徐倒进孵化缸中，使其散开落入鱼巢即可。

TIPS

金鱼在配种时要有意识地物色异地的良种来与本地的良种交配，即所谓“远缘交配”，这样做除了可以保持原品种的特点外，还可以培育优良的新品种。反过来说，在饲养过程中，当然应防止让金鱼近亲交配，否则，生出来的仔鱼就会退化，得不到良种鱼。

筛选鱼苗有什么标准?

筛选鱼苗是饲养者一项重要的工作。筛选鱼苗相当复杂，需要耐心、细致才能做好。

就遗传变异的一般规律来说，亲本的遗传是相对的，而子代的变异却是绝对的。金鱼具有100条染色体，其结构很复杂，极易变异，性状的遗传非常不稳定，即使是纯种交配，其子代的变异也很大，更不用说非纯种交配了。其子代的变异率常可达到60%～70%，变异的子代，常常出现单尾、三尾或某部分的鳍残缺不全，甚至身体扭曲、体态不正的个体。

在筛选鱼苗时要善于做全面判断，善于发现性状的变异。大家都知道，金鱼的新品种大多数来源于形状的突变。所以在鱼苗的成长过程中，需经过5次筛选。当稚鱼生长20天、体长达到1厘米、其品系特征依稀可辨时，筛选工作就开始了。以后还要根据存优汰劣的原则，多次筛选。

第一次：鱼体达1厘米时，淘汰单尾。

第二次：鱼体达2厘米时，尾鳍基本成型，凡不具四尾者一律淘汰。

第三次：保留各鳍发育良好、有背鳍的品种，背鳍还应是完整的。无背鳍的品种，体背需光滑无刺，若有残缺或体形不端正的，一律淘汰。

第四次：鱼体生长至4～6厘米时，品系特征已清晰可辨，此时可依良种鱼苗的标准（见表1），以形态为主进行筛选。

表1　形态筛选标准

品 系	形态标准
高头系	头形方宽，嘴唇平齐
水泡系	水泡大而柔软，左右对称
绒球系	两球紧而圆大，左右对称
龙睛系	两眼凸出，发育对称
珍珠系	头短、嘴尖、腹圆、鳞片颗粒外凸
蝶尾系	尾鳍宽大平展，开叉分明
望天系	两眼圆大外凸，眼球向上翻转、平整

第五次：鱼体达6～8厘米长，转色已近尾声，其中五花类、蓝类、紫类、黑色类及鹤顶红的变色已结束。此时应注重色泽的选择，按色泽筛选标准（见表2）把转色早、颜色鲜艳的留下。

表2　色泽筛选标准

种　类	体色标准
鹤顶红	头部红色多，体洁白
五花类	蓝色遍及全身，红色匀称
紫色类	体肤深紫色
黑色类	体肤深黑色
蓝色类	体肤深蓝色

鱼苗通过5次筛选后，形态、色泽基本达到上品要求，但也有少数鱼苗（如蝶尾、水泡、珍珠鳞等）的变异仍在继续，尤其是那些形态变异出现较晚的品种，可根据具体情况多留鱼苗，待其各种性状充分发育后，再做进一步筛选。

想要获得变异特征明显的优良品种，需要不断地从杂交后代中优选，只保留特征明显突出的而淘汰那些特征不明显的。经过多次杂交、优选、再杂交、再优选，才能获得较为理想的优良品种。

金鱼能不能和热带鱼混养在一起?

对于金鱼能不能和热带鱼一起混养的问题，回答是否定的。下面解释一下不能混养的几个原因：

一是热带鱼的体形一般都比金鱼大，最重要的是热带鱼体质较强壮、食量大、游动速度快、生性较凶猛，与金鱼温顺柔弱、慢条斯理的秉性截然不同，若投入饵料，会被热带鱼一抢而光，金鱼必将饿死。金鱼和热带鱼混养在一起，即使不被吃掉，也受不了热带鱼横冲直撞活动的干扰，特别是具有水泡的金鱼，很快就会被热带鱼碰撞得泡破身残。

二是热带鱼适宜生长在气温、水温较高的环境之中，低于15℃就不能适应，很不耐寒，而金鱼能生存于5℃的温度中，两者所要求的适宜温度相差很大，因而不能生活在一起。

三是这两类鱼对饲养水的酸碱度要求也有很大差异。金鱼要求偏碱性的水，能生活在pH值在6 ~ 9.5之间的饲养水中，而热带鱼只能生存在pH值为6左右的偏酸性饲养水中。

四是从饵料的投放来说，金鱼的食量比较小，可供食用的品种较多；而热带鱼是肉食性鱼类，特别是成龄鱼，只习惯吃小鱼、虾、牛心等动物性饵料，且食量较大，若喂细小的红虫等，热带鱼不仅吃不饱，而且也不喜爱。

以上这些因素可以说明金鱼和热带鱼是不适合在一起混养的。

TIPS

金鱼是比较柔弱温顺的鱼类，毫无自卫能力及逃逸的技能。因此，它不能和其他生性凶猛、行动迅捷的鱼类混养在同一容器之中，而且也不能和别的淡水鱼混养。

受精卵孵出小鱼一般需多长时间？

从卵子受精到仔鱼破卵而出的这段时间叫孵化期。孵化期的长短取决于水温的高低，当水温在12℃左右时，孵化大约需10天；水温18℃时，大约需1周；水温为20～25℃时，只需2～3天。孵化最合适的温度在23℃左右，按一般规律，水温在18～27℃范围内，温度愈高，金鱼的胚胎发育及孵化也愈快，孵化出的鱼苗体质也较好，正品率较高。水温高于30℃或低于8℃，可引起金鱼胚胎发育紊乱而出现畸形鱼，甚至胚胎发育停止而造成死亡。在孵化过程中，若遇到极端天气剧烈变化而引起水温急骤上升或下降时，都会直接影响金鱼胚胎的正常发育，要保证孵化工作正常进行必须做到以下几点：

（1）水温要适宜

水温控制在23℃左右为好。

（2）水质要良好

水要新鲜明洁，有足够的溶解氧，pH值保持在8左右。还要严格掌握孵化密度，适当地给孵化缸换水和注氧，也可以装置一个增氧泵，以保持饲水中有充足的溶解氧。

（3）要及时清除孵化缸内的孵膜

防止后孵出的幼鱼钻入成堆的卵膜中而死亡。清除的方法：可用干净的纱布轻轻沿水面慢慢拉卷，将水中的卵膜、脏沫拉卷干净。

（4）水位要稳定

仔鱼刚孵出2～3天内，大都吸附在水草上，这时不可乱动缸水，振动会使仔鱼掉到池底而死亡。

TIPS

实践证明，金鱼第一批所产的卵出苗最为优良，所以饲养者一般每年只进行春季繁殖而不进行秋季繁殖。7月份以后第二期卵孵化的仔鱼称作“秋子”，“秋子”的生长发育情况比春季繁殖的金鱼差。

雌亲鱼为什么会难产？如何解决？

在金鱼繁殖中，有时会出现雌亲鱼难产现象。造成难产的原因是很多的，以下面三种最为常见。一是由于在金鱼产卵之前人们老是用白水饲养，失去了绿水对亲鱼特有的刺激作用。二是饲养者过多地进行彻底换水，使亲鱼不能适应环境变化而产生食欲减退、身体消瘦、精神不佳等病态，因而失去了正常排卵的能力。三是雌亲鱼过分肥胖，其腹内的脂肪层过厚，影响了性腺的充分成熟和卵子的正常发育，造成了性激素分泌的减少，影响卵子排出。

要解决雌亲鱼产卵的困难，必须采取一些措施，改变原来一些不恰当的饲养方法，具体如下：

第一，原来是白水饲养的，改为用嫩绿水饲养。

第二，改变并减少彻底换水的次数，减少环境变化对雌亲鱼的干扰。

第三，改喂容易消化、营养丰富且雌亲鱼爱吃的活饵料。

第四，仔细观察雌亲鱼的活动情况，辨别是否有病。若有病，应立即采取措施，对症治疗。

第五，采用人工授精法，帮助雌亲鱼排卵。

第六，测量饲养水的温度，若水温过低，应立即采取增温措施。

TIPS

所谓单尾鱼，就是指其尾鳍是单的，和鲫鱼差不多，失去了金鱼应有的观赏性，用养鱼界的行话来说，这种鱼称为“垃圾鱼”，应被抛弃和淘汰。

为什么有些金鱼产卵之后孵不出仔鱼?

在金鱼繁殖的过程中，有时会出现这样的意外：鱼卵已经产出，饲养者满心欢喜地祈盼着眼前会出现千百尾游动着的仔鱼，可是等到孵化的时间过去了，还是没孵出仔鱼来，或只见到很少量的仔鱼，这令饲养者大失所望，十分意外。这是什么原因呢?

造成上述情况的原因是很复杂的，但主要原因有：

一是雄鱼太少或雄鱼有病，排出的精子无活力，未能使鱼卵成为受精卵。

二是卵子排出后，由于卵子是从老绿水中取出的，未经漂洗，表面上粘附着一层藻类植物、青苔，影响了鱼卵的正常呼吸，以致鱼卵窒息而死。

三是由于天气的突然变化，水温骤降骤升，使鱼卵孵化进程受阻。除天气突变外，因换水而使水温下降超过5℃时，也会导致孵化失败。若水温过高，水中溶氧量减少，鱼卵会因供氧不足而难以发育。

四是制作鱼巢用的棕丝、麻丝或树木的细根须，使用前都需经过较长时间的浸泡和蒸煮，使其内部所含的有毒物和不适当的成分散失后才能使用，否则有可能影响胚胎的发育。

五是孵化缸未设缸盖而露天放置，导致雨水落入。雨水中含有城市工业排放的废气，如硫、氯等，致使孵化停止，产不出仔鱼。

六是当孵化缸放置在室内时，炉灶燃烧产生的一氧化碳烟雾有可能进入鱼缸中，使鱼卵受毒而不能成熟。

产后供亲鱼休养的水缸或水池，都要经过消毒处理，因为亲鱼经过剧烈的追逐后，体表可能有损伤之处，加上身体虚弱、缺少抗病能力，一旦被病菌侵入，就有死亡的危险。

产卵繁殖后的种鱼该怎样养护才好?

种鱼在繁殖过程中，体力消耗极大，体质已是十分虚弱，这时，一般都伏在缸底，极少活动。

产后种鱼的养护工作，有不少事情需要注意：一是要注意用水，产后种鱼要放置在绿水中或经过数日曝晒的清水中静养；二是应把雌鱼和雄鱼分开饲养，并降低饲养密度；三是除要避免新水对产后种鱼的刺激外，还要掌握饲养水的深度，鱼缸以20～25厘米、鱼池以25～30厘米为宜。

种鱼交配以后的水，受到雄鱼精液和雌鱼残余卵子及分泌物的污染，很容易败坏变腐，很需要在原水中掺入一部分清水来改善水质，水体污染严重的，还应换水，但换水时应在新水中掺入部分绿水，使其尽快变绿，且水温要和原水相等或相近，其温差不可超过0.5℃。

对产后种鱼，应让其在绿水中静养1～2周，尽量不要惊动或骚扰，如果需要，还应换入清水，使其进行第二次产卵（不可使种鱼产卵过度，否则会损伤其体质）。

另外，在种鱼繁殖期间，最好能在水中放点盐，一般是每立方米水中放盐50～100克，可对鱼体和水体进行消毒。平时还应经常观察种鱼的神态，如发现其食欲不好、神情呆滞、体表色泽异常或排泄物不正常，即是有病迹象，需及时给予治疗。

作为种鱼产卵、孵化用的人工巢需由饲养者预先制作好。人工巢大小可根据容器的大小和种鱼的数量多少而定，一般占容器体积的1/4～1/3。

在金鱼产卵前要做哪些准备工作?

首先，也是最重要的一件事，就是为亲鱼准备一个清净、宽敞的产卵池或缸，池壁或缸壁需平整光滑，以免碰伤鱼体，颜色以深些的为好。要将池缸放置在阳光充足、空气流通的场所，使水温保持相对稳定，水中的溶氧量较高。其次，缸内要放些植株柔软、茎叶稠密的水草，还要用2%的生理盐水或稀释的高锰酸钾溶液对鱼池、鱼具、鱼巢进行消毒。最后，还应多备一些熟水，因为金鱼产卵过程中需准备3个缸盆（一个作孵化用，一个作配种用，一个放养产出后的种鱼），需用较多的熟水（不能用生水代替）。

雌雄亲鱼在什么情况下交尾受精率高?

在雌雄亲鱼交尾之前，当雄鱼得到雌鱼即将产卵的信息时，便会做出各种动作向雌鱼求爱，将雌鱼追逐到鱼巢中间，此时，雌雄两鱼并头排列在巢的中央，雄鱼向雌鱼方向抖动，并频频划动胸鳍，以头撞碰雌鱼，用胸鳍上的“追星”和鳍盖上的“追星”来刺激雌鱼。此时的雌鱼，受到雄鱼的各种刺激以及鱼巢对其腹部的微微挤压，尾部就会甩动起来，卵粒就随之排出体外。这时的雄鱼也会将尾部甩动，排出乳白色的精子并散布开来，和周边浮动着的卵子结合成受精卵，随即附着在鱼巢上。

有些雌鱼在头一次排卵之后不久，又再次被雄鱼阻拦和步步紧逼至鱼巢的凹陷处，被迫再次排出卵子，雄鱼也会再次排出精子，在这种情况下产下的卵，要比在快速游动中产下的卵的受精率高得多。

另外还有一种情况，当雌鱼被两尾雄鱼夹挤在中间，受到左右两尾雄鱼的追逐，两雄鱼同时排出精子与卵子结合，这样的交尾方式自然会使受精率更高一些。

一般情况下，雌亲鱼产不出卵时，常常能在体内逐渐将其吸收，但如果某些原因阻碍了这种自身吸收，则可能会使雌亲鱼死亡。

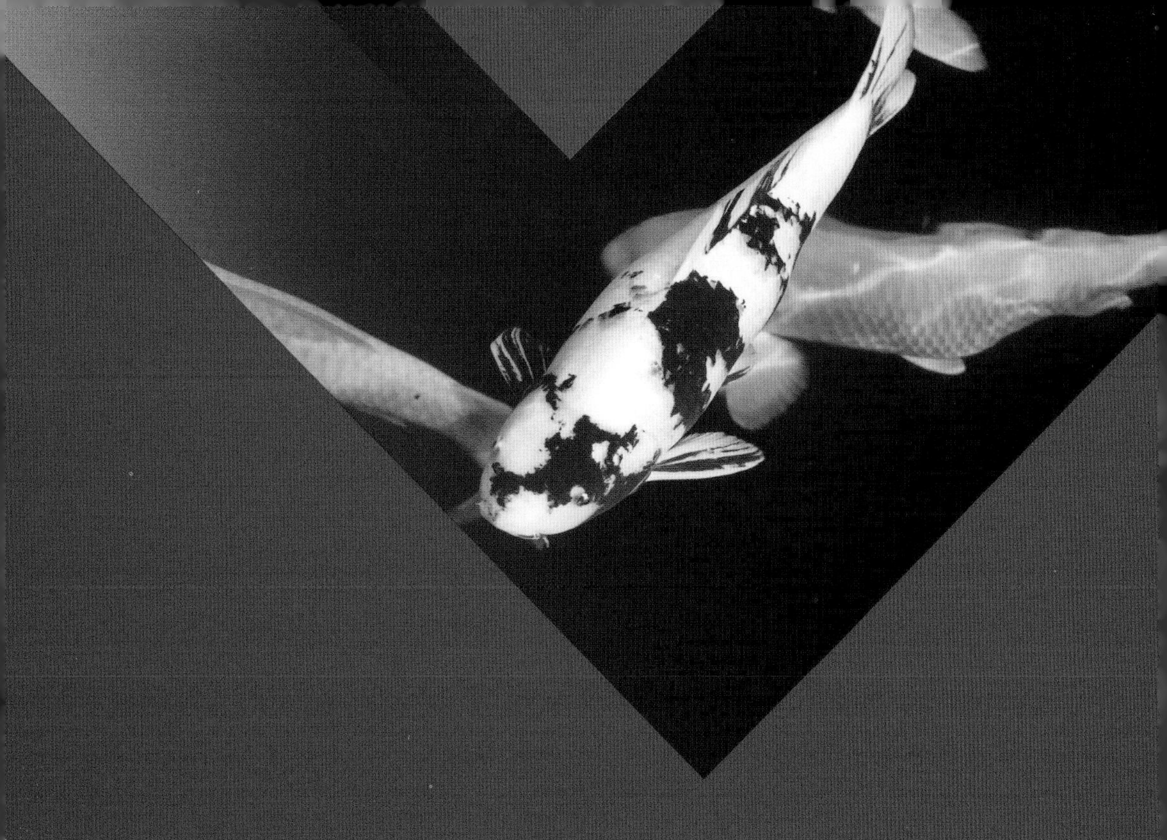

第二章 锦鲤

红白锦鲤

鱼体特征：鱼体的底色为白色，上缀有不同形状的红色斑块，色彩对比鲜明夺目，正好与日本国旗色彩相同，因此，红白锦鲤被日本国民视为锦鲤的正宗。（红白锦鲤是1917年由全身具有红点斑纹的雄性“缨斑鱼”与头顶有红斑纹的雌鱼杂交培育而成的）

注意事项：红白锦鲤斑纹最主要的要求是白底要纯白，像白雪一样，不可带有黄色或浅黄色。红色愈深愈好，但必须是格调高雅而明朗的红色。一般说来，应选择以橙色为基础的红色，因其色调高雅亮丽，一旦色彩增浓，品位也就更高。

根据其背部斑纹的数量、形状和部位，红白锦鲤又可分为如下几个品种：

（1）段纹红白锦鲤

其中有二段红白锦鲤：在洁白的鱼体上有两段绯红色斑纹，宛若红色的晚霞，鲜艳夺目；三段红白锦鲤：在洁白的鱼背上有三段红色斑纹，非常醒目；四段红白锦鲤：在银白色的鱼体上散布着四段鲜红色的斑纹。

（2）闪电纹红白锦鲤

这种锦鲤鱼体上从头至尾有一条红色条纹，此纹形状恰似闪电，弯弯曲曲，因此而得名。

（3）富士红白锦鲤

这种锦鲤的头上缀有银白色粒状斑点，好似富士山顶的积雪，别具风格。但是，此斑点一般只出现在1～2龄的鱼体上，长大后大多会消失。

（4）御殿樱锦鲤

小粒红斑聚集成的葡萄状花纹，均匀地分布在鱼体背部的两侧。

（5）金樱锦鲤

与御殿樱锦鲤相似，但在其红色鲜艳的鳞片边缘镶有金色的线，故称为金樱锦鲤。此鱼为名贵品种，外表非常美丽。

根据其色彩、斑纹等的分布情况，锦鲤大致可分为13个品系：红白锦鲤、大正三色锦鲤、昭和三色锦鲤、写鲤、别光锦鲤、浅黄锦鲤、衣锦鲤、变种锦鲤、黄金锦鲤、光写锦鲤、花纹皮光鲤、金银鳞锦鲤、丹顶锦鲤。其中红白锦鲤、大正三色锦鲤、昭和三色锦鲤均为锦鲤的代表鱼种。

大正三色锦鲤

鱼体特征：鱼体的纯白底色上，缀有红色和黑色组成的斑纹图案，以头部红斑清晰、背部有黑斑、胸鳍上有黑色条纹者为上品。正宗品种的黑色部分如墨一样漆黑，背侧和谐地排列着大的绯红色斑纹和黑色斑纹。（大正三色锦鲤是1915年日本大正时代培育出的锦鲤品种）

注意事项：对大正三色锦鲤斑纹的要求是白底要与红白锦鲤一样，必须纯白，不应呈浅黄色。红斑也与红白锦鲤要求一样，必须均匀浓厚，边缘清晰。头部红斑不可渲染到眼、鼻、颊部。尾柄后部最好有白底，躯干上斑纹左右均匀，鱼鳍不要有红纹。头部不可有黑斑，而肩上需有黑斑，这是整尾鱼的观赏重点。

大正三色锦鲤的品种较多，各有特色，有的斑纹新奇，有的姿态优雅，有的体形丰满、格调奇特。根据其体色和斑纹可分为如下几个品种：

（1）口红三色锦鲤

此锦鲤的吻部生有圆形的鲜艳小红斑，极为俊俏，非常优美。此品种也称口红大正三色锦鲤。

（2）富士三色锦鲤

此锦鲤在鱼体雪白的底色上，除有红、黑两种斑纹以外，头部有银白色粒状斑纹。

（3）赤三色锦鲤

此锦鲤从头至尾柄基部有连续较大面积的红色斑纹。

（4）德国三色锦鲤

此锦鲤为德国锦鲤种的锦鲤，鱼体表面没有鳞片，在银白色皮肤上缀有红色和黑色斑纹。幼鱼时期的体色特别艳丽。

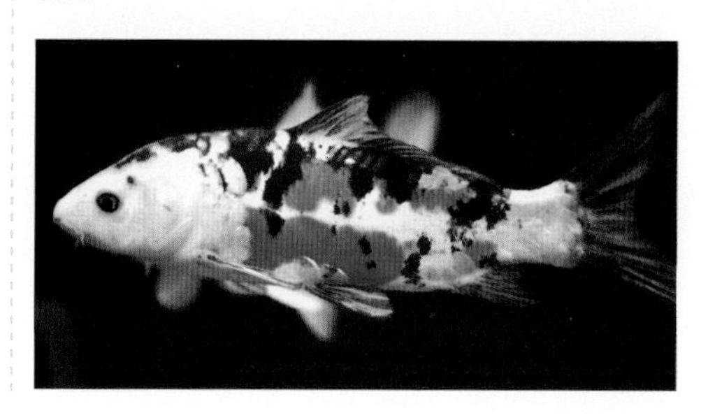

锦鲤的生物学特性与普通鲤鱼一样，是一种管理粗放、容易饲养的鱼类，对水温、水质等饲养条件要求不严格，适应性很强，能适应2～30℃的水温范围，最适宜饲养水温为20～25℃。

昭和三色锦鲤

鱼体特征：鱼体的黑色底色上缀有红、白花纹，胸鳍基部有圆形黑斑，称元黑。昭和三色锦鲤具有较高的观赏价值，与红白锦鲤、大正三色锦鲤并称为“御三家”，为锦鲤的代表品种。（昭和三色锦鲤是1927年日本昭和时代培育出的锦鲤品种）

注意事项：对昭和三色锦鲤的斑纹要求是：头部必须有大型红斑，红质均匀，边缘清晰，以色浓者为佳；白底要求纯白，头部及尾部有白斑者品位较高；墨斑以头上有隔断者为佳，躯干上墨纹必须为闪电形或三角形，粗大而卷至腹部；胸鳍不应全白、全黑或有红斑。

昭和三色锦鲤根据其体色可分为如下几个品种：

（1）淡黑昭和锦鲤

此锦鲤黑斑上所有的鳞片呈浅黑色，色彩淡雅优美，别具风采。

（2）绯昭和锦鲤

此锦鲤从头部至尾柄有较大面积的红色斑纹，红黑相间，艳丽而庄重。

（3）近代昭和锦鲤

此锦鲤体表仍由黑、红、白三色组成，但是白色斑纹较多，黑纹犹如墨点白宣，具有大正三色锦鲤的鲜明色彩。

（4）德国昭和锦鲤

此锦鲤以德国锦鲤为基本型，身披有昭和三色锦鲤的彩色外衣，斑纹鲜艳亮丽。

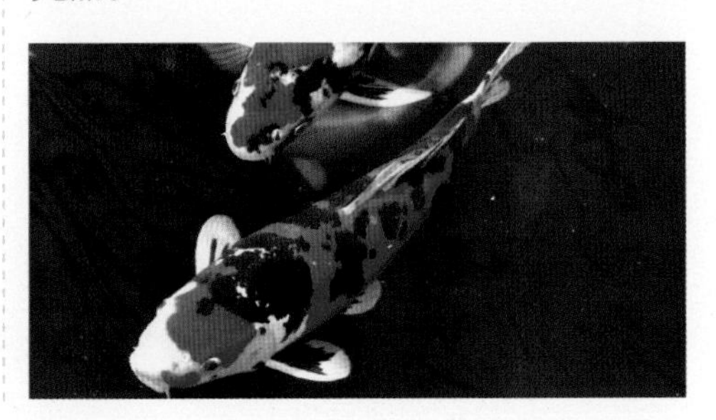

相比于金鱼，锦鲤的个体要大得多，饲养这种鱼需要有较大的容器。若要养较大的锦鲤，就需要有面积3～4平方米的水池或较大的水族箱。有些居住楼房的养鱼爱好者，利用阳台隔建成养锦鲤的水池，也不失为一个好办法。

写鲤

鱼体特征：写鲤又称写物，其特征因品种不同而有一定的差别。它是通过昭和三色锦鲤再培育出来的，体色是以黑色为基底，上面有三角形的白斑纹或红斑纹。由于体色反差大，明快豪爽而迷倒了众多的爱好者，也是目前除“御三家”（红白锦鲤、大正三色锦鲤、昭和三色锦鲤）以外受到玩家特别追捧的种类。

注意事项：其基本体色只有两色，色斑同传统的昭和三色锦鲤相似。头部有墨斑，多呈倒“人”字型分布，有些在口内也能看到黑色斑块；鱼体上有大块之连接墨斑，分布均匀。不论是哪种写鲤，鱼体上墨斑漆黑的程度在欣赏中占有重要位置，墨质清秀的花纹者为佼佼者。

品种分类：

（1）白写锦鲤

该锦鲤的体表以黑色为底，上缀有三角形白斑纹。其白斑纹像红白锦鲤一样，应为纯白。

（2）黄写锦鲤

该锦鲤是在黑底色上缀有鲜黄色斑纹，大块斑纹由背部下卷到腹部。

（3）绯写锦鲤

如果黄写锦鲤的黄色较浓，接近橙红色者，就称其为绯写锦鲤。

待仔鱼饲养1个月、长到3厘米左右时，锦鲤幼鱼的挑选工作就要开始了，且这是第一次挑选。以后每隔10～20天挑选1次，一边挑选优质的，一边淘汰质量差的。待到鱼体长大到各种特征、花纹、色彩都已经显现，可以分清哪些是大正三色，哪些属于昭和三色等各种品系后，再进行分类，同时把那些斑纹模糊不清、体态不端正、色彩不鲜艳等有缺陷的幼鱼剔除出去。经过这样多次的选优去劣之后，最后只剩下几百尾，等到需要选出种鱼进行繁殖时，再作最后的挑选。

别光锦鲤

鱼体特征：在体表为洁白、绯红、金黄的底色上呈现出黑斑的锦鲤，称为别光锦鲤，属大正三色系统。

注意事项：区分白写锦鲤与白别光锦鲤。一是白写锦鲤的头部或鼻尖有黑斑，在头顶部斑纹呈倒“人”字型，而白别光锦鲤头部没有黑斑。二是白写锦鲤体部的黑斑伸延至腹部，而白别光锦鲤的黑斑只在背部。三是白写锦鲤的胸鳍通常是纯黑色，而白别光锦鲤的胸鳍呈条纹状黑斑或全白。还有，白写锦鲤为黑底白花纹，而白别光锦鲤为白底黑斑纹，且两者墨黑的程度不一样。

根据其体色可分为如下几个品种：

（1）白别光锦鲤

此鱼体的底色洁白，其上的黑斑纯黑、色浓，分布于躯干部和尾柄部，黑白相间，色彩极为明快、清秀。

（2）赤别光锦鲤

此鱼体的底色为红色，背部有黑色斑纹。

（3）黄别光锦鲤

此鱼体的底色为黄色，其上点缀着漆黑如墨的黑斑。

（4）德国别光锦鲤

此鱼是一种以德国锦鲤为基本型，又具别光色彩特征的锦鲤。

锦鲤从幼鱼成长为成鱼之后，不久就进入性成熟期。性成熟后的锦鲤，雌雄鱼都出现明显的特征。雄鱼体形一般较瘦而长，头部较宽而广，额部略有突起，胸鳍前端较尖；雌鱼躯体较为粗短、肥壮，头部较窄且较长，腹部明显膨大，胸鳍前端不尖而稍圆。

浅黄锦鲤

鱼体特征：背部呈深蓝色或浅蓝色，一片一片的鱼鳞外缘呈白色。而左右脸部、腹部以及各鳍基部均呈红色的锦鲤称为“浅黄”。

注意事项：浅黄锦鲤是锦鲤的原种之一，浅黄锦鲤距今约有160年的历史。

根据其体色浓淡程度，浅黄锦鲤有以下几个品种：

（1）绀青浅黄锦鲤

此鱼体表呈鲜艳的深蓝色，接近于真鲤的颜色，知名度较高。

（2）水浅黄锦鲤

此鱼是浅黄锦鲤中鱼体颜色最浅的一种。

（3）鸣海浅黄锦鲤

此鱼色彩较绀青浅黄锦鲤略淡，是浅黄锦鲤中最具代表性的种类。其鳞片中央呈深蓝色而周围较浅，好像波光涟漪的湖面。

（4）秋翠锦鲤

此品种为德国鲤系统的浅黄锦鲤。其背部光润，鱼体犹如秋季湛蓝色的天空；背部和侧线处各有一排排列紧密的鱼鳞，从头通向尾部；鼻、颊、腹及鱼鳍基部，均生有鲜艳的红色斑纹，鱼体蓝红相映，格调雅致，其优美之态，令人赞叹不绝。按红斑生长的位置不同，又有花秋翠锦鲤、绯秋翠锦鲤和珍珠秋翠锦鲤3个品种。

繁殖锦鲤要做好哪些工作：准备产卵地，放入并测试池水，制作鱼巢。

衣锦鲤

鱼体特征：衣锦鲤是浅黄锦鲤与红白锦鲤或三色锦鲤杂交出来的一个种类。其主要特点就是在每一片绯斑的鳞片上缀有墨色或蓝色，似穿着黑或蓝色的衣服，使衣锦鲤显得很有质感，甚是好看。

注意事项：所谓衣锦鲤，是指在原色彩上再套上一层类似外衣的色彩。

品种分类：

（1）蓝衣锦鲤

此鱼是红白锦鲤与浅黄锦鲤杂交的后代。在红色斑纹上略带蓝色，而红斑上的鳞片后缘又有类似半月形的蓝色网状花纹。

（2）墨衣锦鲤

此鱼在红白锦鲤的红斑上又浮现出黑色斑纹。

（3）衣三色锦鲤

此鱼是蓝衣锦鲤与大正三色锦鲤杂交而产生的品种。在大正三色锦鲤的红色斑纹上又缀有蓝色斑纹。

（4）衣昭和锦鲤

此鱼是蓝衣锦鲤与昭和三色锦鲤杂交而产生的品种。与昭和三色锦鲤相似，但在其红色斑纹上又呈现出蓝色斑纹。

锦鲤的人工授精与金鱼人工授精的做法基本相似，所不同的只是金鱼个体小，可以一只手握住雄鱼，另一只手握住雌鱼，两手同时挤压两鱼的泄殖孔附近，让雄鱼精液与雌鱼的卵同时挤入水中结合受精。但由于锦鲤鱼体大，不可能双手同时握住两尾鱼，只能双手配合共同握鱼，先雌后雄。

黄金锦鲤

鱼体特征：这类锦鲤的体色为单纯的金黄色，头部光亮，没有暗色，鳞片排列整齐，浑身闪亮，呈现出如黄金般的光泽。

注意事项：这类锦鲤的头部必须光泽强烈，且颜色清晰，不能有阴影。上品鱼的鳞片外缘必须呈明亮的金黄色而且排列整齐。这类锦鲤通常是以黄金锦鲤作为基本品种经杂交培育而成的，全身具有闪亮金属光泽。

品种分类：

（1）山吹黄金锦鲤

此鱼体表呈纯黄金色，亮晶晶的鱼鳞排列整齐，能发出金子般的光芒。能耐高温，雄性成鱼体长可达40厘米左右，是深受欢迎的高级锦鲤品种之一。

（2）橘黄金锦鲤

此鱼体表呈纯橘黄色，于1956年培育而成。

（3）灰黄金锦鲤

此鱼体表呈银灰色，为无鳞鲤，称灰黄金锦鲤。

（4）白金锦鲤

此鱼体表呈银白色，由黄鲤与灰黄金锦鲤杂交而成。

仔鱼刚孵化出来时，不吃也不动，它们是依靠卵黄囊中的营养物质来维持生命的。当这些营养物质消耗完后，仔鱼就开始游动觅食了。开始喂仔鱼的饵料是“洄水”等最细小的鱼虫，待1周之后，才可逐步喂一些较大些的鱼虫。再过些时候，其他小鱼、小虾及昆虫、蚯蚓等也可饲喂了。

写皮锦鲤

注意事项：写皮锦鲤又称光写锦鲤，是写类锦鲤与黄金锦鲤杂交产生的后代。

品种分类：

（1）金昭和锦鲤

此鱼是昭和三色锦鲤与黄金锦鲤交配而产生的品种。该鱼特点是鱼体呈现白金色。与其相似的还有银昭和锦鲤，其体表呈银白色。

（2）金黄写锦鲤

此鱼是黄写锦鲤或绯写锦鲤与黄金锦鲤交配而产生的品种。

花纹皮光鲤

注意事项：花纹皮光鲤为杂交品种，凡无鳞鲤有两色以上的花纹者均称为花纹皮光鲤（写鲤品系除外）。

此鱼类型较多，其主要品种有：

（1）菊水锦鲤

此鱼在周身白金色的底色上，又浮现出黄色斑纹，尤其是头部和背部的银白色特别醒目。

（2）锦水锦鲤

此鱼在其淡蓝色的鱼体上，又显露出较多的红色斑纹。

TIPS

锦鲤在购入前一般都是生活在户外的鱼塘或鱼池中，容易被锚头蚤、鱼虱等寄生虫寄生。所以买回后一定要仔细检查，发现后及时清除。最好是将买回的鱼进行10天左右的隔离观察，看看是否有病态等异常现象，以便及早发现、及早治疗。

丹顶锦鲤

注意事项：丹顶锦鲤的特点是头顶部有一块鲜艳的红色圆斑，酷似白鹤头顶上的红冠。

品种分类：

（1）丹顶红白锦鲤

此鱼通身银白，唯头顶有一块鲜艳的圆形红冠，姿容艳丽，堪称一绝。

（2）丹顶三色锦鲤

此鱼通身洁白，略点乌斑其上，头顶有一块鲜艳的圆形红斑，酷似白鹤的红冠，银白、乌黑、朱红三色相辉映，集素雅、鲜艳于一体，给人以美的享受。

（3）丹顶昭和锦鲤

此鱼身躯斑纹与昭和三色锦鲤相似，唯头顶生有一块红色斑块，故称丹顶昭和锦鲤。

金银鳞锦鲤

注意事项：金银鳞锦鲤亦系杂交品种，鱼体的鳞片呈金色或银色，闪闪发光。这些鳞片点缀在色彩绚丽的花斑上，使鱼体更加艳丽多姿。

品种分类：

（1）金鳞锦鲤

发亮的鳞片在红色斑纹上呈金色光泽的，称金鳞锦鲤。

（2）银鳞锦鲤

在白底或黑底上鳞片呈银色光泽的，称银鳞锦鲤。

为了防止锦鲤得肥胖症，平时应加强管理，要少食多餐，保证每餐只喂八成饱，决不投喂过量，而且饵料多以植物性饵料为主，严格控制高脂肪和高糖分饵料的投喂，蛋白质饵料也要适量控制。

变种锦鲤

注意事项：按锦鲤的13种分类法，除其中12种以外的其他品种均属变种锦鲤。变种锦鲤的色彩大多古朴典雅，别具一格。在绚丽鲜艳的红白锦鲤、大正三色锦鲤、昭和三色锦鲤鱼群中，具有喧宾夺主的魅力。

品种分类：

（1）乌鲤

此鱼由绀青浅黄锦鲤演变而成，鱼体通身乌黑发亮，庄重大方，似我国金鱼中的墨龙睛颜色，具有很高的观赏价值。根据鱼体上出现白色斑纹的部位又可分为羽白锦鲤（鱼体通身乌黑发亮，唯胸鳍末端出现白色）、秃白锦鲤（胸鳍边缘、鼻尖、头顶呈白色）、四白锦鲤（在乌黑的鱼体上，头部、一对胸鳍和尾鳍出现白色）和九纹龙锦鲤（此鱼属德国锦鲤，全身乌黑，淡斑纹相互交错排列）。

（2）茶鲤

此鱼体表呈茶色。德国型的茶鲤生长尤为迅速，因此常有巨大的茶鲤出现。

（3）黄鲤

此鱼体呈明亮的黄色，闪闪发光，其中有红眼黄鲤和黑眼黄鲤之分，前者更胜一筹。

（4）绿鲤

此鱼通身呈明亮的黄绿色，是吉冈忠夫花费近20年的时间，于昭和四十年（1965年）培育出的德国系统的鲤鱼型。此鱼出现后曾名震一时。由于市面上流通的数量有限，因此属于名贵品种。

（5）松叶锦鲤

此鱼与浅黄锦鲤同属古老的锦鲤品种，在每片鳞片上浮现出黑色斑纹。若在红色鳞片上出现白色斑纹，称为白松叶锦鲤；若在红色鳞片上出现黑色斑纹，则称为赤松叶锦鲤。

对于锦鲤，一般观察投饵量是否适当的方法是看看投饵后鱼儿能否在10～20分钟内将饵料吃完，若正好能在这段时间内吃完，说明投饵量是适当的。

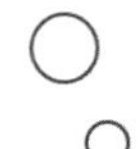

阅读延伸

购买锦鲤时有什么挑选的标准？

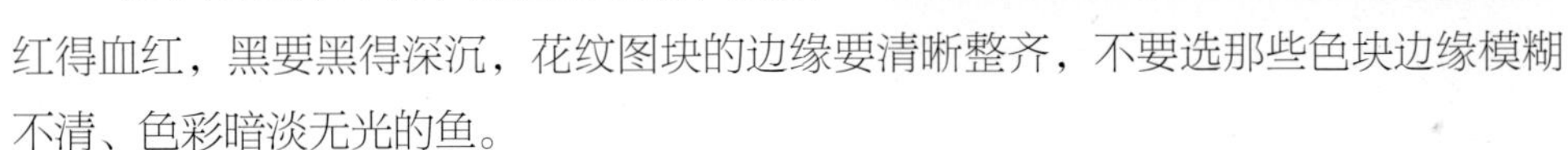

锦鲤因其体态端庄和体色艳美人见人爱，尤其在日本，饲养这种鱼的人特别多，甚至把这种鱼称作日本的国鱼。我国自20世纪60年代起，也有不少爱好者进行饲养，并有不少地区建立了专养锦鲤的养殖场。

那么，购买锦鲤时怎样进行挑选呢？买什么样的鱼才更具观赏性呢？

挑选锦鲤时一般有下述几项要求：

（1）选色泽鲜艳、特色明显的，红要红得血红，黑要黑得深沉，花纹图块的边缘要清晰整齐，不要选那些色块边缘模糊不清、色彩暗淡无光的鱼。

（2）家庭饲养主要是用于观赏，不必选鱼体过大的，选购体长10～20厘米的比较适宜。这是因为家庭饲养者使用的水族箱长度一般只有60～90厘米，小鱼可以多养几尾，更利于观赏。而且鱼体是迅速长大的，如果买来时就已很大，再大了就难以喂养了。

（3）鱼体要求挺直、端庄、对称，背鳍、胸鳍、尾鳍无开裂分叉，体表毫无损伤。

（4）鱼应健康，游动时轻松活跃，动作敏捷，平稳自然，各鳍伸展敞直而飘逸。采购时可试喂少许饵料，若进食迅速，则证明鱼体健康。

TIPS

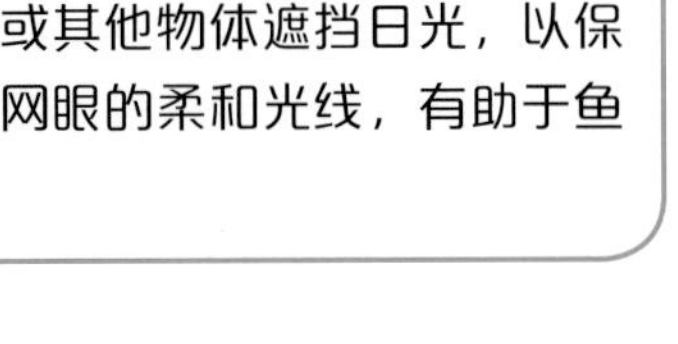

夏季，天气渐渐热起来，水温也跟着逐渐升高，不论是室外水池还是室内水族箱，都要用遮阳网或其他物体遮挡日光，以保持水温适当。用遮阳网遮盖后，射透网眼的柔和光线，有助于鱼体的生长发育。

锦鲤的亲鱼选择需符合什么条件?

饲养者如果希望能培育出鱼体健壮、体色美丽的优良锦鲤品种，最重要的就是要选出合乎要求的亲鱼来。

首要的条件是鱼的体质要健壮，精神状态要好，游动时轻松有力。

第二个条件是鱼的品种要纯正，特征要明显，鱼体上的色斑边际清晰分明，没有模糊不清的虚边和疵斑，鳞片要光润而整齐，姿态要端庄，整体无损伤和其他生理缺陷。

另外，还有一个重要条件是，要选出年龄适当的亲鱼，才能有旺盛的生殖功能。最好要选5～9龄的雌鱼，其产卵量多，卵粒大。雄鱼则应选3～6龄的，因为这种年龄的雄鱼身体健壮，生殖腺饱满。用这两种年龄雌雄亲鱼的卵子和精子，孵化出来的仔鱼不仅数量多，而且身体强健。

TIPS

在寒冬季节，当水温降至0℃时，锦鲤极少活动，食欲也大为减退，此时应尽量设法提高水温，使锦鲤保持一定的进食量，不致因体质过分衰弱而发生鱼病。在这段时间内还要减少换水和清除污物的次数，投饵量也不可减得太多，且要投喂最容易消化的食物。

第三章 热带鱼

孔雀鱼

别　　称：彩虹鱼、百万鱼、库比鱼。

科　　属：花鳉科。

体　　长：雄鱼体长3厘米左右，雌鱼体长可达6厘米。

分　　布：南美洲的巴西、圭亚那、委内瑞拉以及西印度群岛等地。

鱼体特征：体小玲珑，活泼好动。雄鱼体色斑斓多彩，以淡红、淡绿、淡黄、红、紫和孔雀蓝等色为主；体腹上有数个蓝红色圆斑，其周围有淡色环纹；尾鳍上排有整齐、统一的黑斑点，似孔雀尾翎图案。雄鱼背鳍短而高。

雌雄鉴别：雄鱼体小，体色艳丽，肛鳍尖形。雄鱼发情时非常好看，全身弯成半圆形，尽全力展开宽长的尾部，好似孔雀开屏。雌鱼体较大，约为雄鱼的2倍，肛鳍圆形，身躯腹部银白色，全身半透明，缺少色彩和华丽的鱼鳍。

饲养要求：适宜饲养水温为20～24℃。食性广，动植物饵料均可投喂。

注意事项：孔雀鱼喜在水的上层游动觅食，对水质要求不高，水温15℃时虽不会死亡，但体色会变淡，能够在没有调温和充气设备的水族箱中生活。

繁殖方法：按雌雄4：1的比例将亲鱼放入。发情期，雌鱼腹部逐渐膨大，出现黑色胎斑；雄鱼此时会不断地追逐雌鱼，雄鱼的交接器插入雌鱼的泄殖孔时排出精子，进行体内受精。

热带鱼品种繁多，虽然其个体大多较小，生命周期较短，但它们的繁殖却很快，一年可以繁殖几次。

月光鱼

别　　称：月鱼、新月鱼、满鱼、红点鱼、阔尾鳉鱼。

科　　属：花鳉科。

体　　长：4～6厘米。

分　　布：墨西哥和危地马拉等国。

鱼体特征：体短小而侧扁，呈梭形，胸腹部稍厚圆，头小眼大，吻部较尖；背鳍位于身体中部偏后，外缘呈圆弧形；臀鳍较小，与背鳍上下相对；腹鳍与臀鳍相距较近；尾鳍圆而鳞片较大。月光鱼原始品种的体色为褐色，也有的为黑色，两侧有少许的蓝色斑点。

雌雄鉴别：主要区别在臀鳍，雌鱼臀鳍鳍形正常，雄鱼的臀鳍末端较雌鱼的尖，这是雄鱼的性器官。雌鱼身体比雄鱼粗壮，性成熟时有黑斑出现。

饲养要求：适宜生活在22～24℃的中性至偏弱碱性的硬水中。月光鱼喜食一些植物性饵料，如切碎的菠菜叶等，也可交替喂一些动物性饵料。

注意事项：因月光鱼变异性很强，故已稳定的品种不宜与别的月光鱼混养，同时也不得与剑尾鱼混养，以免杂交，导致品种混杂。最低饲养温度不能低于16℃。

繁殖方法：月光鱼属卵胎生鱼类，5～6月龄时性腺开始成熟。发情期间，雄鱼追逐雌鱼，将交接器插入雌鱼泄殖孔内，完成体内受精。待到雌鱼受精后腹部逐渐膨大，肛门处出现黑色胎斑时，即可捞到事先准备好的繁殖缸里静候生产。

热带鱼素以体色艳丽著称，有些热带鱼在发情期会出现平时没有的浓艳体色，称为“婚姻色”，尤以雄性鱼为最。

剑尾鱼

别　　称：剑鱼、青剑、绿剑、海勒剑尾鱼。

科　　属：花鳉科。

体　　长：7～8厘米。

分　　布：墨西哥南部及危地马拉。

鱼体特征：此鱼在自然界中的原始种是青剑鱼，体色呈浅蓝绿色，体形似长纺锤形，侧扁，体长可达12厘米。雄鱼尾鳍下缘延长出一针状鳍条，俗称剑尾，背鳍有红点；雌鱼无剑尾，背鳍无斑点。剑尾鱼经人工饲养后，体形小型化，体长较原始种略短。

雌雄鉴别：剑尾鱼的雌雄一般不难鉴别。雄鱼体较细长，体色鲜艳，尾鳍下方有剑，各鳍的末端均较尖，最明显的是臀鳍已转化为性交接器。雌鱼体比雄鱼体肥大，体色逊于雄鱼，各鳍末端较圆钝，尾鳍下方无剑，泄殖孔较明显。

饲养要求：适宜水温20～25℃。剑尾鱼食性杂、食量大，可投喂多种饵料。

注意事项：剑尾鱼体强壮，易饲养，适应性强，对水质要求不高，无论是在弱酸性、中性还是弱碱性水中都能正常生活、繁殖，但最适宜养在弱碱性且稍硬的水体中。抗寒能力较强，在20℃的水温中也能生长良好。饲养剑尾鱼的水要有充足的溶解氧，使其能在中下层水域中活动。若水中溶解氧不足时，它们便会浮在水面游动，一旦出现雄鱼尽力跃出水面的现象，说明水体严重缺氧，应及时增氧。

该鱼性情温和，可与其他热带鱼品种混养。注意饲养水温不宜过高，长时间高温可使其寿命缩短。剑尾鱼的寿命一般为3～5年，当发现鱼背微微隆起时，即表明鱼已进入衰老阶段。此外，剑尾鱼受惊后喜跳跃，弹跳力很强，为安全起见，最好在水族箱顶加盖板。

繁殖方法：剑尾鱼属卵胎生鱼类。剑尾鱼繁殖力很强，6～8月龄进入性成熟期，雄鱼开始追逐雌鱼，以交接器与雌鱼交配，完成体内授精。受精卵在雌鱼体内孵化成仔鱼排出体外。

剑尾鱼容易繁殖，无须特殊管理。当雌雄鱼同养在一水族箱中，就能自然交配、产仔，但因雌雄鱼均有吞食仔鱼的习性，故在繁殖期采用繁殖缸为好。繁殖时缸底多种一些枝叶柔软的水草，挑选体长5厘米以上的健壮雌雄鱼作亲鱼，雌雄鱼的比例为1：2或1：3，每天喂足活饵，水温控制在26℃。雌鱼怀胎后，腹部开始膨大并出现深色胎斑时，应将雄鱼捞出。雌鱼第一胎初产仔鱼20～30尾，以后逐渐增加，最多可达200余尾。水温适宜时每隔30～50天即可产仔1次。仔鱼产出后即能游动觅食，需及时投喂蛋黄水或草履虫。在初生阶段，水温宜保持在24℃左右，温差不可过大。亲鱼在繁殖后，有个别雌鱼会逐渐变为雄性，并开始追逐雌鱼，繁殖后代。

TIPS

热带鱼是生活在大自然中的一些形态、体色优美的鱼类，凡是产于热带或亚热带水域有观赏价值的鱼类品种，都可被算作热带鱼，因而其包括的范围极广，品种也极为复杂。

银龙鱼

别　　称：顶针鱼、水针鱼、尖顶棱子鱼、尖嘴鲽鱼。

科　　属：骨舌鱼科。

体　　长：10～30厘米。

分　　布：中美洲和南美洲。

鱼体特征：鱼体细长，背、腹缘几乎在一条线上，头部长且尖，尾柄既粗又长，背鳍偏后，靠近尾柄的前端。雄鱼体色为青铜色，体侧有4～5条黑色斑纹，臀鳍大多数变为管状的生殖器，尾鳍稍微向内凹，尾鳍附近还有黑色的大斑点。

饲养要求：适宜水温20～26℃。银龙鱼生长很快，饵料以水蚯蚓最合其胃口。在水族箱中饲养时，宜在饲养水中加少量食盐。

注意事项：银龙鱼生性凶悍，为同科鱼中最凶悍的一种，攻击性很强。此鱼喜食肉，其牙齿锐利异常，常攻击较小些的鱼类，但能与同规格的鱼和平共存。

繁殖方法：银龙鱼属卵胎生鱼类，繁殖时应在水族箱内多放一些水草，在亲鱼生殖完成后再把水草捞出。仔鱼生长十分迅速，半个月后就能吃小鱼，只需6个月就长成成鱼，即达到性成熟期。

饲养者往往将最美的热带鱼挑选出来，经过培育、繁殖、驯化、再优选、再繁殖的反复过程，利用遗传变异的原理，培育出新的良种。

大神仙鱼

别　　称：大鳍帆鱼、大燕鱼。

科　　属：丽鱼科。

体　　长：15～18厘米

分　　布：南美洲亚马孙河流域的厄瓜多尔和秘鲁。

鱼体特征：大神仙鱼是南美洲分布较广的一种热带观赏鱼，其外形与神仙鱼相似，但体形较大。体色银灰中带浅黄，背部颜色较深，腹部颜色较浅，体侧和神仙鱼一样也有4条黑粗条纹，黑眼睛红眼眶，背鳍和臀鳍的中部鳍条比神仙鱼更长，所以使鱼体显得更大。

雌雄鉴别：一般地说，雄鱼头顶凸起，腹部较小，发情期下腹伸出的输精管较细而长；雌鱼头顶平滑，腹部膨大，发情期下腹伸出的输卵管较短而粗。

饲养要求：适宜温度为24～28℃，饲养用水要求为弱酸性软水。

注意事项：由于大神仙鱼体形大，饲养时一定要选用大型水族箱，箱内应铺底沙，种植一些阔叶水草，光照条件要好，饵料要鲜活、多样化。大神仙鱼爱静，易受惊，养殖缸要放在安静的地方。

热带鱼各部位的种种变异和组合，使热带鱼形成众多的品系。按其体形特征，一般可以分为条形、长形、扁平形、扁圆形、棒槌形五大类。

菠萝鱼

别　　称：斑眼花鲈鱼、西付罗鱼。

科　　属：丽鱼科。

体　　长：18厘米。

分　　布：南美洲亚马孙河流域的圭亚那、巴西等地。

鱼体特征：此鱼侧扁，体形呈椭圆形。口小，眼大。背鳍、臀鳍延长至尾柄，尾柄极短，尾柄外缘呈弧形，腹鳍尖形，胸鳍钝圆似小扇。该鱼虹膜为金红色。鱼体色彩丰富，基调色为黄绿色，头部色较深，其体色能随环境、温度、年龄的不同而变化，从古铜色到橄榄绿色。鳃盖上有彩色光泽，嘴端有红色斑点，在背鳍末与臀鳍末之间有一黑色粗条纹。

雌雄鉴别：繁殖期的雄鱼体色比雌鱼艳丽，身体上显现多种纹路复杂的花纹。

饲养要求：适宜水温22～30℃。菠萝鱼喜食活饵，摄食量大，饵料以红线虫、水蚯蚓、面包虫为主。

注意事项：菠萝鱼比较容易饲养，喜欢在宽大水体和有沙石、水草的环境中生活，爱在水下层活动。对水质要求不苛刻，适应中性至弱酸性水质。该鱼虽然体形较大，但性情比较温和，一般不攻击其他鱼类，能与温和的大型热带鱼混养。但到了发情期会一反常态，有的变得孤僻、不合群，有的则暴躁、凶残，会主动攻击其他热带鱼，甚至“兄弟”。

繁殖方法：菠萝鱼的人工繁殖比较难，主要是雌雄亲鱼的配对难，因为雄鱼平时比较温文尔雅，但一到繁殖期会变得暴躁、凶残，攻击性强，常常将自己不喜欢的雌鱼追咬致死。如人为配对，就要随时观察，若雌雄亲鱼能够相互亲近游动，就将其留在繁殖缸内待产；若发现雌雄亲鱼关系紧张，不甚亲密时，应立即捞出，重新为其配对。最好的办法是：从幼鱼时起将它们饲养在一起，到性成熟时让其“自由恋爱”，自选配偶，这样比较容易繁殖成功。

菠萝鱼属卵生鱼类，幼鱼经6个月的生长，体长达13厘米以上时即进入性成熟期。繁殖的环境要求是：繁殖箱要大，无须沙和水草，只需箱底放置一些较光滑的石块或毛玻璃板等作附卵物，有充足鲜活的动物性饵料就行。控制水温在27～28℃，水硬度为9。繁殖时，雌雄亲鱼首先会清洗产卵的巢床，然后雌鱼产卵，雄鱼授精。一般每尾雌鱼可产卵300粒以上，受精卵经2～3天可孵化出仔鱼。孵化期内亲鱼有护幼习性，不用捞出另养。1周后仔鱼开始游动觅食，可先喂“洄水”，逐步改喂小型鱼虫。

TIPS

按照科学的分类方法，热带鱼属硬骨鱼类鲤形目，常见的热带鱼可划分为7个科：鳉鱼科、丽鱼科、脂鲤科、鲤科、攀鲈科、鲶科、古代鱼科。

地图鱼

别　　称：尾星鱼、星丽鱼、黑猪鱼、猪仔鱼。

科　　属：丽鱼科。

体　　长：此鱼体长可达30厘米以上，是热带鱼中体形较大的一种。

分　　布：南美洲亚马孙河流域的委内瑞拉、巴西等国，以圭亚那为主要产地。

鱼体特征：体呈椭圆形，侧扁。头大，嘴大。鱼的背鳍基部很长，自胸鳍对应部位的背部起直达尾鳍基部，前半部鳍条由较短的锯齿状鳍棘组成，后半部由较长的鳍条组成；胸鳍长圆形；腹鳍长尖形；尾鳍外缘圆弧形。

雌雄鉴别：一般说雄鱼头部较高而厚，身体较雌鱼修长，身上的斑块和条纹较多。雌鱼体幅较宽，腹部较膨大，头部平直而略薄，身体斑纹相对较少。

饲养要求：适宜水温22～26℃，要求水中溶氧量较高。属肉食性凶猛鱼类，能吃水蚯蚓、蝌蚪、小鱼、小虾等。

注意事项：地图鱼属肉食性鱼类，性情凶猛，只能单独饲养。因为饲养容易，对饲养水质要求不苛刻，在弱酸性、中性和弱碱性水中均能正常生活，且繁殖也不难，因此受到人们的欢迎。地图鱼看起来似乎笨拙，实际上游动速度快，反应敏捷，捕食机灵准确。当饱食后或处在拥挤的不良环境下，它便会懒洋洋地侧卧在水底，像猪打盹一样，因而有猪仔鱼之称。

因地图鱼个体较大，饲养时一定要选用较大的水族箱，可栽种一些水草，夏天应每隔1～2天换入1/5的新水。地图鱼食量惊人，生长迅速，只要投饵充足，水质条件合适，当年至少可以长到16厘米以上。地图鱼的色彩除随年龄大小而异外，对光照特别敏感，饲养时应给予充足的光照。如光照充足，其花色大多丰富美丽，尾星亮丽。

地图鱼属底层水域鱼，生长迅速，寿命也较长，可活10年以上，可算得上是长寿的热带鱼了。据介绍，地图鱼经人工饲养后，对人很有感情，当人们走近水族箱时，它会游过来，表示欢迎。

繁殖方法： 地图鱼属卵生鱼类，幼鱼经10 ~ 12个月生长开始进入性成熟期，多在夏秋季节繁殖，繁殖力很强。繁殖水温以25 ~ 26℃为宜，水质为中性软水。繁殖箱要用大一些的，事先放置一些光滑的石块或瓷盘等作产卵附着物。将自然成对的亲鱼放入，亲鱼在产卵前，先要用嘴把附着物清扫干净，然后再把卵产在上面。雌鱼临产前靠近产巢，雄鱼则围绕雌鱼游动。

一般每尾雌鱼可产卵500 ~ 1 000粒，其卵粒比一般鱼大，并呈不规则的直线排列。受精卵经48小时左右可孵化出褐色仔鱼，经过5天左右仔鱼开始游动，7天后开始觅食。亲鱼有吞食卵粒的习惯，产卵结束后应将亲鱼捞出另养。

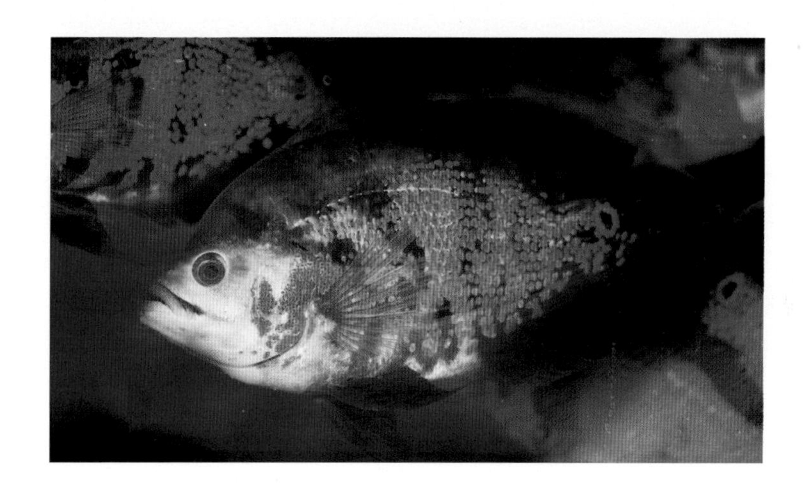

TIPS

热带鱼体表一般披圆鳞，鳞片附于真皮之上，其边缘圆而薄，加之鱼体皮肤分泌出的黏液，使鱼体平整而润滑，既可保护鱼体免受细菌、微生物的侵害，又能减少游泳时的阻力。

红宝石鱼

别　　称：宝石鱼、红花鲈鱼。

科　　属：丽鱼科。

体　　长：12～15厘米。

分　　布：非洲尼罗河流域和利比亚、尼日尔等国。

鱼体特征：此鱼个体较大，体呈椭圆形而侧扁，背鳍宽大。体色褐绿色，背部浅黄绿色，从下颌至尾鳍侧线以下均为红色，腹下为浅黄色，全身皆有孔雀绿色斑点点缀，鳃盖、背鳍和臀鳍处特别明显；背鳍、臀鳍和尾鳍的边缘镶有红色；眼虹膜为金黄色。

雌雄鉴别：一般来说，雄鱼体色比较鲜艳，腹部深红色，背鳍、臀鳍末端长而尖。雌鱼的肛突较雄鱼的长而圆钝，腹部黄色或浅红色。

饲养要求：适宜水温21～30℃。该鱼食性杂，食量大，动植物饵料均可喂食，但喜食小蚯蚓、孑孓、面包虫等个体较大的活饵。

注意事项：红宝石鱼身体强健，容易饲养。由于鱼体较大，饲养时一定要选择较大的饲养缸，缸底可铺一些鹅卵石，种一些水草。对水质要求不严格。

繁殖方法：红宝石鱼属卵生鱼类，幼鱼经8个月生长进入性成熟期。繁殖水温控制在27～28℃，水质中性。选发情的亲鱼配对放入繁殖缸，缸内放花盆片或瓷片。产卵前，亲鱼开始清理花盆片或瓷片上的产卵床，并用嘴舔食繁殖缸内的污物，一般1～2天即可产卵。受精卵经72小时可孵化出仔鱼，再经4天左右仔鱼开始游动觅食。

以繁殖特点来分，热带鱼又可分为卵生热带鱼和卵胎生热带鱼两大类。

火鹤鱼

别　　称：红魔鬼。

科　　属：丽鱼科。

体　　长：其生长发育速度较快，体长一般为25～35厘米，最长的可达40厘米。

分　　布：尼加拉瓜、哥斯达黎加等地。

鱼体特征：火鹤鱼的鱼体呈中间圆粗、头尾尖细的形状，头部有隆起的头瘤。体色为红橘黄色。此鱼在幼鱼期，体色为黑灰色，上有不规则的条纹。体色随着鱼的不断成长而逐渐变化，原先的黑灰色条纹渐渐消失，而变成粉红色和橘红色。

饲养要求：适宜水温22～25℃。此鱼喜食动物性饵料，饲养者宜经常捞些红虫及其他水生或陆生小动物，如小鱼、小虾、螺肉、蚯蚓等作为饵料喂饲。

注意事项：火鹤鱼在幼鱼时期性情比较温和，但长为成鱼时，性情逐渐变得凶猛而残暴，喜欢与其他鱼类争斗，常喜欢占领一块水域，不让其他鱼进入或接近，于是容易引起剧烈的打斗，甚至置对方于死地才罢手。由于其极富攻击性，因而不能和其他品种的热带鱼混养。

热带鱼是生长在热带和亚热带及其相交地带富有观赏性的鱼类的总称，因此，提到热带鱼的习性时只是对其大多数的共性而言。

黑莲灯鱼

别　　称：黑霓虹灯鱼、黑电灯鱼、双线电灯鱼。

科　　属：脂鲤科。

体　　长：4厘米左右。

分　　布：南美洲的巴西河流域。

鱼体特征：外形与红绿灯鱼相似。全身呈透明色，在体表两侧从头至尾有两条并行的金黄色和黑色条纹，其眼睛的虹膜在光线的折射下能反射出红色及黑色的光泽。

雌雄鉴别：该鱼的雌雄很难区分，雄鱼背鳍末端较雌鱼稍尖，雌鱼仅在繁殖时期腹部比雄鱼稍膨大。

饲养要求：此鱼容易饲养，适宜饲养水温为22～26℃，水质为弱酸性软水且清澈。

注意事项：黑莲灯鱼性情温和而胆小，易受惊，容易饲养和繁殖。此鱼爱群聚，常活动于水族箱中层水域，不宜高密度饲养。

繁殖方法：繁殖时水体应避免阳光直晒，光线必须暗淡，水底铺发丝草以供附卵，环境要安静。繁殖前须将亲鱼喂饱，于傍晚时分把配对的亲鱼放入繁殖水体中，翌日黎明雌雄鱼就会产卵排精，产卵结束后捞出亲鱼。

热带鱼对水温要求很高，对温度变化很敏感，温差不能超过1～4℃，最适宜的温度应在24～28℃之间。

红肚凤凰鱼

别　　称：紫鲷。

科　　属：丽鱼科。

体　　长：9厘米左右。

分　　布：非洲西部的喀麦隆。

鱼体特征：此鱼体长，呈椭圆形。其背鳍基长，末端尖且上翘，后部有一长椭圆形黑斑点，背部边缘和体侧正中各有一条黑色条纹，尾鳍近菱形，上缘有2～3个黑色圆斑。该鱼体色鲜艳，繁殖期更为明显，其背部呈青蓝色，两侧青紫色，腹部为玫瑰红色，头部有深浅横斑，非常美丽。

雌雄鉴别：雄鱼的体色一般比雌鱼红艳醒目，背鳍、臀鳍的末端长而尖；雌鱼体比雄鱼小，在怀卵期间腹部明显膨大，并呈浅红色。

饲养要求：适宜水温27～28℃。食性杂，但喜食红丝虫、水蚯蚓等活饵料。

注意事项：红肚凤凰鱼属底层鱼类，喜欢水草丛生的环境，很少到上层水域活动，喜欢较暗的颜色，所以缸底宜铺一些深色的底沙，适当种一些水草，放入一些光滑的鹅卵石。红肚凤凰鱼喜中性或微碱性水质。红肚凤凰鱼好挖洞，有较强的夜视能力，可以在黑暗中摄食。由于该鱼性情温和，容易饲养，可以和其他品种的热带鱼混养。

繁殖方法：红肚凤凰鱼属卵生鱼类，幼鱼经8个月即进入性成熟期。该鱼人工繁殖稍有难度，但只要注意一些环节，繁殖成功率还是比较高的。

繁殖时水温要求 27～28℃，水质中性。因雌鱼喜欢在幽静的洞穴中产卵，故繁殖缸底应放一只底孔开得大一些的紫砂花盆，且要倒扣在缸底，并用石块或瓷砖将花盆一边垫起3～4厘米，使鱼能自由出入。选发情的亲鱼配对入缸，亲鱼会钻入花

盆内，白天很少游出活动，晚间会游出觅食，要注意傍晚时投喂一次饵料。产卵期亲鱼畏光，缸内的花盆一定要放在最暗的角落。在这样的环境中，一般1～2天亲鱼即可产卵受精。每尾雌鱼可产卵200余粒。

受精卵往往产在花盆内的顶部附近，产有卵的花盆要取出放入另一孵化箱内，用增氧泵为卵充气，促其孵化。同时要向繁殖缸内再补充放置一只同样的花盆，让鱼继续产卵。受精卵经2天左右可孵化出仔鱼，4天后仔鱼开始游动觅食。

TIPS

由于热带鱼都是单品种繁殖，相互之间没有亲缘关系，所以其习性可谓各不相同。热带鱼中不少品种都善于跳跃，故而水族箱最好加盖，以防其跳出。

斑马鱼

别　　称：蓝条鱼、花条鱼、蓝斑马鱼、印度鱼、印度斑马鱼。

科　　属：鲤科。

体　　长：5厘米左右。

分　　布：印度、孟加拉国。

鱼体特征：鱼体呈纺锤形，胸腹部较圆，尾部稍侧扁。头稍尖，臀鳍宽大，与背鳍相对应，胸鳍、腹鳍较小。因该鱼身上有斑马样的条纹，故得名斑马鱼。其背部为橄榄色，体侧从头至尾布满多条蓝色纵纹，臀鳍部也有与体色相似的纵纹。雄鱼为深蓝间柠檬色纵纹，雌鱼为蓝色夹杂银灰色条纹。斑马鱼眼虹膜为黄色，泛红光。

雌雄鉴别：雄鱼鱼体狭长，腹部较窄，体色偏黄，臀鳍呈棕黄色，条纹显著。雌鱼鱼体较肥大，游动时摇摇摆摆，体色偏蓝，臀鳍呈淡黄色。

饲养要求：适宜水温不宜低于20℃。喂食各种鱼虫及人工饵料即可。

注意事项：斑马鱼性情温和，活泼好动，喜群游，几乎一刻不停地在水族箱中游动。因其对饲水水质和饵料要求均不苛刻，因此斑马鱼是一种比较容易饲养的热带鱼，很适合初学养鱼、经验不多的人饲养。

饲养斑马鱼时最好在水族箱底铺些较大的卵石，便于沉淀物聚集，不使水浑浊。由于斑马鱼性情温和，小巧玲珑，又不会进攻伤害其他鱼，故适宜混养。斑马鱼色彩美丽，饲养条件粗放，因而是人们最喜欢饲养的热带鱼之一。据有关资料报道，斑马鱼既耐寒又耐热，在水温低至11℃、高到40℃时仍能生存。

斑马鱼的品种有10多种，主要区别在条纹和色彩上，也有鳍形上的变化，如长鳍斑马鱼、金丝斑马鱼、闪电斑马鱼、大斑马鱼等。

繁殖方法：斑马鱼属卵生鱼类，幼鱼经4个月生长即进入性成熟期。繁殖时宜挑

选5月龄鱼做亲鱼，水温须控制在25～26℃。因斑马鱼最喜食其卵，因此繁殖缸内要铺小石头及水草，便于落卵附着。雌雄亲鱼以1：2的比例放入繁殖缸内，一般头天傍晚放入，翌日早晨或上午10时许就可产卵受精。产卵结束后要立即将亲鱼捞出另养。受精卵为沉性卵，经2～3天可孵出仔鱼。仔鱼纤小，近乎透明，需仔细观察才能勉强看清。它们一般停留在水生植物上或水族箱边，很少活动。当其开始游动觅食时，可先以蛋黄水喂之，1周后可改喂其他小型鱼虫。雌鱼初次产卵在100粒左右，以后数量大增，最多时可产卵千余粒。

斑马鱼繁殖力很强，一年可连续繁殖6～7次，而且产卵量高，是初学饲养热带鱼者的首选品种。

TIPS

热带鱼是所有各种观赏鱼类中最具观赏价值的一类。其形态怪异而优美，有瘦而长的，有扁而宽的，有尖头而眼小的，有身短而鳍长的，有头大而尾细的，有娇小而灵巧的，形形色色，无奇不有。

虎皮鱼

别　　称：四间鱼、老虎翩翩鱼、品品鱼、黑四间鱼、红翩翩鱼。

科　　属：鲤科。

体　　长：5厘米左右。

分　　布：马来西亚、印度尼西亚的苏门答腊和加里曼丹岛。

鱼体特征：此鱼体高，侧扁，略呈卵圆形。背鳍高，位于背上中部，尾柄短，尾鳍深叉形。鱼体呈浅黄色，背部为金黄色，背鳍基部黑色，腹部白色，背鳍、腹鳍、尾鳍和吻部均为鲜红色。体侧有4条黑色粗带状竖纹，第一条竖纹通过眼部，第二条在鳃盖与背鳍之间，第三条起于背鳍末端直达臀鳍起点，第四条在尾鳍基部。

雌雄鉴别：繁殖期间雄鱼的鼻部及尾部会出现火一般的红色。雌鱼的体色较淡，腹部尤其膨大。

饲养要求：适宜水温24～28℃。该鱼食性杂，食量大，特别喜食鱼虫等活饵料。

注意事项：虎皮鱼生性好动，游泳速度快，喜聚群生活在水体中下层，故饲养时水族箱要大些，宜群养。此鱼不耐低温，当水温低于17℃时，虎皮鱼就会患病，水温低于15℃时就会死亡。每天可换1/3的新水，这样可增加鱼的食欲。

饲养者如仔细观察就会发现，虎皮鱼之间经常发生互相斗殴和转圈追咬现象。成鱼会袭击游动缓慢的热带鱼，爱咬丝状鳍条，故不宜与有丝状鳍条的神仙鱼等混养。虽然虎皮鱼有爱咬丝状鳍条的恶习，但曾有鱼友将一体长约1厘米的虎皮鱼从小与燕子鱼、黑裙鱼等混养在一起，经2年的观察，结果证明它们能和平相处，有兴趣者不妨一试。另外，虎皮鱼不喜欢直晒的阳光，所以鱼缸中应多种一些水草，因为怕低温，每年深秋当气温降至20℃时就要提前将加温设备装好备用。

繁殖方法：虎皮鱼属卵生鱼类，幼鱼经6个月生长进入性成熟期。虎皮鱼的人工

繁殖并不困难，要求繁殖用水的水温为26～27℃，水质为中性软水。繁殖缸里应种上水草，并铺一些消过毒的棕丝，以便卵附着。为刺激亲鱼的发情，可以向繁殖缸内兑入1/2的蒸馏水。准备工作做好后，可先将发情的雌鱼放入繁殖缸，待其适应新环境后再放入雄鱼。一般傍晚将亲鱼放入，第二天雄鱼就会很激烈地追逐雌鱼，引诱雌鱼到水草丛中。如果雌鱼性欲良好，就会主动靠近雄鱼，雄鱼紧贴雌鱼，相互缠绕，完成排卵受精活动。受精卵略有黏性，呈半透明状，常粘附于水草上。亲鱼产卵时间较长，若第二天下午观察亲鱼无产卵动作时，应立即将亲鱼捞出另养，因为它们有吞食卵的习性。

受精卵经40小时后，仔鱼拖着尾巴破壳而出，这时仔鱼头朝上粘附在水草下或玻璃缸壁上，不吃食也不游动，2～3天后仔鱼开始游动觅食。可先喂蛋黄水，1周之后改喂小型鱼虫，并进入正常饲养阶段。每尾雌鱼初次产卵在70～80粒，以后每次产卵约100粒，产卵间隔时间15天左右。

TIPS

口孵鱼的繁殖无须特殊管理，只要将雌雄种鱼成对放入同一缸内饲养，产卵后将雄鱼捞出，留下雌鱼含卵孵化即可，孵化期一般为10天左右，可适当提高水温，缩短孵化期。

红尾黑鲨鱼

别　　称：黑鲨鱼、红尾鱼。

科　　属：鲤科。

体　　长：11厘米左右。

分　　布：亚洲的泰国。

鱼体特征：此鱼诸鳍较宽大，尤其背鳍特别宽而大，嘴上还有两根短触须。体色墨黑，仅尾鳍呈金红色，红黑相配，格外醒目。其实红尾黑鲨鱼幼鱼时全身均黑色，尾鳍也是黑色，随着鱼体生长发育，尾鳍逐渐变成金黄色，成年时才变成金红色。

雌雄鉴别：红尾黑鲨鱼的雌雄较难区别。从体形上看，一般雌鱼比雄鱼略小，尾鳍颜色稍呈橙红色，而雄鱼尾鳍为金红色，颜色也较深。

饲养要求：适宜水温24～28℃。该鱼食性杂，天然鱼虫、藻类、青苔、人工饵料均食，甚至缸底的残饵也吃，是水族箱中著名的“清洁员”。红尾黑鲨鱼比较喜吃线虫，所以平时可适当多喂一些。

注意事项：红尾黑鲨鱼属底层鱼，对水中溶氧量要求不高，对饲养水质无苛刻要求，但怕含盐量高的水和新水过多。红尾黑鲨鱼鱼体较大，饲养水族箱也要适当大一些。它喜半明半暗的水域环境，故水族箱内需种一些茎叶阔大的水草，以便遮阴及鱼儿躲藏，还要铺一些底沙。

这种鱼有较强的领地观念，往往强者占领投饵点附近有利位置。另外，同种鱼之间经常会发生激烈的争斗，往往会造成一方致伤致残甚至死亡。所以，一个水族箱中，成年红尾黑鲨鱼不宜群养，一般只宜放养一尾，但幼鱼时同种鱼同养于一个水族箱内则没有关系。红尾黑鲨鱼虽然有追逐其他鱼的习惯，但一般不会造成伤害，所以，它又可以和不同品种但大小相同的热带鱼混养。

繁殖方法：红尾黑鲨鱼属卵生鱼类，人工繁殖比较困难，成功率较低。据有关

资料介绍，繁殖前，最好将亲鱼提前半个月单养，喂多种饵料，加强营养。繁殖箱底宜铺上黑白相间的小块碎石，种上阔叶的水草，设置一个陶罐或花盆。繁殖水温控制在25～26℃，pH值6.6～6.8，硬度4～6。严格按照雌雄亲鱼1：1的比例放入繁殖缸，否则两雄鱼相争，必有一伤。雌雄亲鱼经过发情追逐，一般于清晨产卵受精，受精卵附着在陶罐内壁上。

这种鱼有护卵的习惯，一般不会自食其卵。受精卵在亲鱼的护理下，2～3天后可孵化出仔鱼，再经2天仔鱼开始游动觅食，开始时以“洄水”喂养。2周左右的幼鱼死亡率最高，8周龄前的这段时间，必须要加强饲养管理。

TIPS

为了便于饲养者鉴别和查找，人们通常按国际上惯用的命名法则——科学命名法，或根据热带鱼本身的体态、颜色、鳍尾特征和性情及鱼的变异部位和特点进行命名。

暹罗斗鱼

别　　称：泰国斗鱼、彩雀鱼、斗鱼、搏鱼、火炬鱼、五彩搏鱼。

科　　属：攀鲈科。

体　　长：8厘米左右。

分　　布：亚洲的泰国、马来半岛、新加坡等地静止的水域中，我国广东、广西和台湾也有分布。

鱼体特征：此鱼体呈纺锤形，侧扁。自然界中的原种暹罗斗鱼体表为肉色，鳍为鲜红色。现在我们见到的水族箱中饲养的暹罗斗鱼，是经过长期人工选育的优良品种，不仅有五颜六色的单色与复色鱼，而且雄鱼各鳍的长度也有了非常明显的增长，使其更具观赏性。

雌雄鉴别：雄鱼的背鳍、臀鳍和尾鳍都比雌鱼的要长而大。雌鱼在臀鳍前端有一圆形“肚脐”，雄鱼则没有。

饲养要求：适宜水温22～28℃。暹罗斗鱼不择食，喜吃孑孓、鱼虫等。若想使鱼体长得健壮、色彩艳丽，应多喂活饵。

注意事项：暹罗斗鱼的雄鱼生性好斗，一缸容不得二雄，不能共养，否则，两雄相斗，非打得遍体鳞伤不可，甚至置一方于死地才肯罢休。雌鱼同雄鱼相反，性情温和，但它却缺乏“母爱”天性，常会自食其卵，繁殖时要特别注意这一点。

暹罗斗鱼非常好饲养，饲养条件要求不苛刻，即使在严重缺氧的水中也能生活，因为它有辅助呼吸器官——褶鳃，可以直接从水面的空气中吸进氧气。此鱼喜生活在中性水中，水温不能低于20℃。饲水切忌过新，换水量要小，注意保持陈旧清澈，每次换水以3厘米深为宜。该鱼同种间虽然会互斗，但与其他品种的小鱼却能和平共处，可以与其混养。

繁殖方法：暹罗斗鱼属泡沫卵生鱼类，6月龄进入性成熟期，一般选8～10月龄的鱼作亲鱼比较好。

暹罗斗鱼的繁殖比较容易，繁殖用水的硬度为6～8，pH值6.5～7.5，水温以26℃为宜。繁殖箱内应放一些浮性水草，以利雄鱼吐泡营巢。同时箱底还要栽一些能形成草丛的水草，因雄鱼生性暴躁，当它要咬雌鱼时，雌鱼能有一个藏身之所。

选5厘米以上性成熟的鱼作亲鱼，按雌雄1：1的比例投入繁殖箱。产卵前，雄鱼不断地在水面吞咽空气，选好位置后吐泡筑巢，泡沫巢直径为5～10厘米。泡沫巢筑好之前，雄鱼不许雌鱼靠近；巢筑好后，雄鱼便展开各鳍，充分显示自己美丽的雄姿，引诱雌鱼游到自己身旁，然后雌雄两鱼互相贴近、旋转，雄鱼用身体缠绕雌鱼腹部使其产出卵子，同时雄鱼排精，使卵子受精。如有卵子未着巢下沉，雌雄亲鱼会立即用口衔起放回巢中。整个产卵期大约7天，每尾雌鱼可产300～1 000粒卵。

产卵结束后，将雌鱼捞出另养，留下雄鱼单独护卵。雄鱼会用口不断地吹泡来覆盖鱼卵。此时的雄鱼一改平日残暴好斗的形象，表现出慈祥的父爱。受精卵经1～2天，便可孵化出仔鱼。此时仔鱼不会游动，仍躲在泡沫巢中，如有个别仔鱼掉下，雄鱼会用口含起送回巢中。再经过2～3天，仔鱼开始游动觅食时，应将雄鱼捞出。仔鱼的开口食可喂“洄水”或蛋黄粉屑，量不宜多，1周后可改喂小型鱼虫，逐步转入正常饲养。

TIPS

科学命名法：热带鱼隶属于脊椎动物门中的鱼纲。在这个鱼纲的下面又划分为目、科、属、种。如果分得再细些，还可以分为亚种等。在有关鱼类的专业书籍中，一般叙述到目、亚目、科和亚科时，只要看其词尾便可以知道属于哪一个分类阶元。

蓝三星鱼

别　　称：蓝星鱼、三星鱼、万龙鱼、丝足鲇、黑斑线鳍鱼。

科　　属：攀鲈科。

体　　长：10～15厘米。

分　　布：亚洲的泰国、马来西亚、越南、印度及我国的西双版纳地区。

鱼体特征：此鱼体呈椭圆形。眼较大；背鳍短而高；腹鳍胸位，已演化成长丝状的触角，长达尾鳍；臀鳍宽长，鳍基起自胸下延长至尾鳍基部，尾鳍相对较小，略分叉，尾柄短。体色以蓝灰色为主，腹部浅橄榄色。在体侧鳃盖后、躯干中部和尾柄处分别有一块黑斑，像三颗星星，故得名蓝三星鱼或三星鱼。

雌雄鉴别：雄鱼体色比雌鱼鲜艳，背鳍较长，尾鳍略长；雌鱼背鳍短而圆钝，体色较浅。

饲养要求：适宜水温22～28℃。食性杂，鱼虫、孑孓和干饵料等都摄食。

注意事项：这种鱼除了用鳃呼吸外，也可用褶鳃直接从水面空气中吸入氧气。因蓝三星鱼个体较大，生长速度又快，故饲养水族箱不宜过小。

繁殖方法：蓝三星鱼属泡沫卵生鱼类，幼鱼经6个月生长进入性成熟期。繁殖水温要求27～28℃。雌雄亲鱼可按1：1的比例放入繁殖箱。完成产卵后将雌鱼捞出，只留下雄鱼守巢护卵。

热带鱼的饲养容器按用途分，有家庭观赏用容器和专业展览用容器两类。

蓝宝石鱼

别　　称：狮头鱼。

科　　属：丽鱼科。

体　　长：12～15厘米。

分　　布：中美洲。

鱼体特征：此鱼体呈椭圆形，侧扁，体态和红宝石鱼十分相似。体表为浅灰蓝色，幼鱼时有横条花纹，成鱼时全身布满蓝色斑点，斑点周围有闪光蓝圈，在阳光照耀下闪烁出蓝宝石似的光辉，特别是头部更是光彩夺目，十分美丽。

雌雄鉴别：蓝宝石鱼的雌雄鉴别也比较困难。一般来说雄鱼体较雌鱼稍大，体色较深，背鳍末端尖长，超过其尾部，年龄越大越明显，繁殖期的雄鱼体色比雌鱼鲜艳。雌鱼臀鳍末端略圆而短，性成熟后腹部较雄鱼明显膨大，体色比雄鱼略淡。

饲养要求：不低于20℃即可。该鱼喜在水域底层活动觅食，食性杂，食量大，动植物饵料均吃。

注意事项：蓝宝石鱼和红宝石鱼一样，鱼体较大，应选用较大型水族箱饲养。蓝宝石鱼容易饲养，对水质要求不严，对水温变化有较强的适应能力。

繁殖方法：蓝宝石鱼属卵生鱼类，幼鱼经8～10个月生长即进入性成熟期。蓝宝石鱼的繁殖方法与红宝石鱼相同。亲鱼发情配对后放入繁殖缸，雄鱼入缸后会将沙挖开个小窝，然后将雌鱼引诱到沙窝处产卵。雄鱼排精，鱼卵在体外完成受精。

家庭观赏鱼养殖容器的款式多种多样，有长方形箱式的，有扁圆形缸式的，也有菱形箱式的和六角形箱式的。

接吻鱼

别　　称：亲嘴鱼、吻鱼、吻嘴鱼、接吻斗鱼、香吻鱼、桃花鱼。

科　　属：攀鲈科。

体　　长：自然界中的接吻鱼体长可达30～40厘米，而人工饲养的接吻鱼一般只有15～20厘米长，是攀鲈科中体形较大的一个品种。

分　　布：印度尼西亚的爪哇岛。

鱼体特征：接吻鱼体呈椭圆形，侧扁，体表乳白色，略显微红，故名桃花鱼。吻端为浅肉红色，头部有黑色条纹，腹部白色，尾鳍基部也有黑色条纹，但都不太明显。接吻鱼的胸鳍较厚大，腹鳍较小，背鳍和臀鳍向后延伸到尾鳍基部，尾鳍后缘微微内凹。

雌雄鉴别：一般雄鱼的体形瘦长，且闪闪有光泽。雌鱼体较雄鱼宽阔，臀鳍较小。

饲养要求：适宜水温22～26℃。该鱼食性杂，面包虫、碎蚯蚓、人工饵料均可。

注意事项：接吻鱼的个体较大，饲养缸宜大不宜小。接吻鱼容易饲养，对水质无苛刻要求，喜弱酸性软水。这种鱼性情温和，可与其他鱼混养。接吻鱼喜成群在各个水层活动，并能在水面直接用褶鳃呼吸空气。

它还有一个习惯，就是经常用嘴不停地啃食水草上和水族箱壁上的藻类和青苔，使水草鲜绿，箱壁保持清洁，是水族箱中名副其实的“卫生员”，对清洁水族箱起了很大作用。在啃食箱底藻类和青苔时，常常头朝下，呈倒立状，十分有趣。

这种鱼有一种特别的习惯，不论是雌鱼还是雄鱼，两鱼相遇时，两尾鱼嘴会相对而作接吻状，故名接吻鱼。据专家分析，这种鱼的接吻，并非异性间的亲昵动作，而是一种顶撞，有时可长达几分钟，为的是争夺领地。一般3月龄的鱼，就会有接吻动作出现。

繁殖方法：接吻鱼属卵生鱼类，它虽不吐泡筑巢，但其卵是漂浮性的。亲鱼有吞食卵的习惯，故繁殖缸里应多种植一些浮性水草，便于卵附着。接吻鱼15月龄进入性成熟期，一年可繁殖多次。

接吻鱼繁殖并不困难。因接吻鱼个体较大，繁殖缸不宜过小。繁殖用水要求硬度6～9，pH值6.5～7.5，适宜水温27℃。亲鱼可按雌雄1∶1的比例放入繁殖缸内，同时可向繁殖缸内兑进一些蒸馏水，以刺激亲鱼发情。经过一番追逐，亲鱼开始排卵受精。接吻鱼的鱼卵比水轻，因此会浮于水面，产卵过程要持续数小时。每尾雌鱼可产卵1 000余粒，有的多达2 000～3 000粒。接吻鱼没有护卵的习惯，产完卵应把亲鱼及时捞出另养，以免它们自食其卵。

受精卵一般经36小时即可孵化出仔鱼。刚孵出的仔鱼蛰伏不动，再经过2天时间，仔鱼开始游动觅食，开口食以“洄水”为好，1周后可改喂鱼虫。2周后要对仔鱼进行筛选，分缸饲养。如饲喂得好，幼鱼生长很快，30多天即可像模像样了。

TIPS

种鱼产卵容器一般包括磁板卵生鱼类产卵容器、口孵卵生鱼类产卵容器、泡沫卵生鱼类产卵容器、花盆卵生鱼类产卵容器、水草或石卵子卵生鱼类产卵容器、卵胎生鱼类产卵容器、红绿灯鱼产卵容器等。

五彩丽丽鱼

别　　称：小丽丽鱼、桃核鱼、加拉米鱼、密鲈鱼。

科　　属：攀鲈科。

体　　长：6厘米左右。

分　　布：印度东北部。

鱼体特征：此鱼体呈椭圆形，侧扁。头大，眼大，翘嘴，尾鳍截形。胸鳍无色透明；腹鳍胸位，并已演化变成为两面丝状触须。五彩丽丽鱼的雄鱼体色十分美丽。头部为橙色，嵌黑眼珠，红眼眶；鳃盖上有大块蓝色斑；整个躯体上有橙、蓝色和红色相间的斜条纹。背鳍、臀鳍、尾鳍均饰有红、蓝、灰色斑点，并有红色镶边。

雌雄鉴别：雌鱼体色较淡，且花纹颜色较少，背鳍后缘较圆钝，其余各鳍都较雄鱼的短，身体较雄鱼粗壮。雄鱼的体色艳于雌鱼，各鳍均比雌鱼的长。

饲养要求：适宜水温22～26℃，一般鱼虫或干饵料均可投喂。

注意事项：五彩丽丽鱼性情温和，容易饲养，能和其他品种的热带鱼混养。该鱼对水质无苛刻要求，但喜欢生活在清澈的老水中。因五彩丽丽鱼非常胆小，怕强光，故水族箱中应多植水草，放置一些石块，便于其藏匿和栖息。饲养时要注意保持水的陈旧、清澈，因五彩丽丽鱼较喜老水，所以每次换水不要过量。

细心观察的饲养者会发现，当外界环境安静没有干扰时，五彩丽丽鱼常游到水面吞咽空气，嬉耍时会使发出“啪嗒”响声，非常讨人喜欢。其实这也是水中氧少，鱼用辅助器官交换气体的表现。

家庭饲养五彩丽丽鱼时不必配对饲养，可多养一些色彩艳丽的雄鱼，少养一些雌鱼，目的是为了观赏。

繁殖方法：五彩丽丽鱼属泡沫卵生鱼类，幼鱼经6个月生长进入性成熟期。繁

殖时，箱里应放一些浮性水草，如菊花草等，以便于雄鱼吐泡筑巢。因五彩丽丽鱼怕受惊和强光，故环境要安静，可适当用纸遮挡一些光线。水温控制在25～26℃。雌雄亲鱼可按1：1比例配对放入繁殖箱。雄鱼筑好泡沫巢后，便开始追逐雌鱼，将其引入巢下产卵受精。整个产卵过程要进行好几个小时。产卵结束后，应将雌鱼捞出另养，留下雄鱼单独护卵。雄鱼会不断地用胸鳍扇水为受精卵供氧促其孵化。受精卵约经2天时间便可孵化出仔鱼，3～4天后仔鱼开始游动觅食。此时，仔鱼纤小，生长缓慢，体表花纹不明显，3～4个月后体表花纹逐渐艳丽。每尾雌鱼可产卵500粒左右，多的可达千粒以上。

饲养热带鱼的自来水，不宜放在阳光下曝晒。至于要除去水中的氯，可加入微量的硫代硫酸钠。

珍珠鱼

别　　称：珍珠马甲鱼、马山克鱼、彩石线鳍鱼。

科　　属：攀鲈科。

体　　长：6~7厘米。

分　　布：亚洲的泰国、马来西亚和印度尼西亚等地。

鱼体特征：此鱼体呈长椭圆形，侧扁。鱼体基调色为银蓝灰色，体侧从头部吻端有一黑色的条纹一直延伸至尾柄，终端为一黑色圆斑。全身布满银色斑点，似整齐排列的珍珠，能闪烁出银蓝色的金属光泽，故称珍珠鱼。

雌雄鉴别：珍珠鱼的雌雄鉴别比较容易。雄鱼的背鳍和臀鳍比雌鱼的长，末端较尖，体色更鲜艳一些，特别是繁殖期间，胸部会出现鲜亮的橘红色。雌鱼的背鳍和臀鳍相对较短，且末端呈圆形，腹部较膨大。

饲养要求：适宜水温23~25℃。活饵及干性饵料均可，但应以小型活饵为主。

注意事项：珍珠鱼对水质要求不高，但喜欢生活在弱酸性的硬水中，喜欢在有水草的环境中藏匿。繁殖期间珍珠鱼好斗，宜与其他鱼种分开饲养。

繁殖方法：珍珠鱼属泡沫卵生鱼类，幼鱼经10个月生长进入性成熟期，水温控制在26~30℃。将一对雌雄亲鱼放入繁殖箱，2~3天内雄鱼筑好泡沫巢，随后会引诱雌鱼到巢下产卵受精，整个产卵受精时间为2~3小时。

水温低于22℃时，热带鱼可出现新陈代谢缓慢、食欲减退、生长速度放慢等现象，还容易患上白点病；高于28℃时，水中的含氧量降低，有机物的分解、腐化加快，使水质加速恶化。

红绿灯鱼

别　　称：红莲灯鱼、霓虹灯鱼、红绿霓虹灯鱼、红灯鱼。

科　　属：脂鲤科。

体　　长：3～4厘米。

分　　布：南美洲亚马孙河流域。

鱼体特征：红绿灯鱼体形娇小，但体色极为艳丽，在热带观赏鱼中有“皇后”的美称。鱼体侧上方有一条从眼睛起延伸到尾柄的霓虹带，此彩带的颜色会随光线的变化而变化；背部以后转为黑色，下方臀鳍前为银白色，后为鲜红色。眼黑色，眼眶银蓝色镶有黑边。各鳍无色透明，且背鳍、臀鳍、尾鳍上饰有红色图案。

雌雄鉴别：一般雄鱼体比较纤细，体色略深；发育成熟的雌鱼腹部稍膨大，而雄鱼腹部较窄瘦。

饲养要求：适宜水温22～24℃。其对饵料并不十分苛求，鱼虫、水蚯蚓、干饵料都肯摄食。

注意事项：红绿灯鱼容易饲养，是典型的底层鱼，饲水要求陈旧、清澈透明，少换水，喜在光线暗淡的水族箱中生活，且环境要求安静，避免强光直晒。

繁殖方法：红绿灯鱼经6个月生长进入性成熟期，8～9月龄为最佳繁殖期。亲鱼可以配对，也可以群体繁殖。晚间将配对的亲鱼放入繁殖箱，一般第二天黎明即产卵，每次可产200粒左右。

热带鱼对水的硬度虽各有所好，但要求不苛刻，不像对温度那么敏感。硬度大于8为硬水，小于8为软水。

头尾灯鱼

别　　称：信号灯鱼、灯笼鱼、小提灯鱼、电灯鱼。

科　　属：脂鲤科。

体　　长：5厘米。

分　　布：南美洲的圭亚那和亚马孙河流域。

鱼体特征：此鱼体长而侧扁，头短，腹部圆。体侧中部有一条蓝色条纹一直延伸到尾柄末端。尾部和眼缘处各有一金黄色的斑块，在光线照射下会熠熠闪光，犹如两盏明灯一前一后，故得头尾灯鱼之名。

雌雄鉴别：幼鱼时头尾灯鱼的雌雄鱼体色基本相同，其雌雄较难区别。但成鱼后雌雄鱼比较容易辨别，最明显的区别是，雄鱼臀鳍末端有一小钩（也称加拉辛钩），肉眼不易觉察，用网捞鱼时常常会钩住鱼网，雌鱼没有此钩。

饲养要求：适宜水温22～24℃。对饵料无特殊要求，动植物性饵料均可投喂。

注意事项：头尾灯鱼性情温和，身体娇小，喜群集游动在中上层水域，粗放易养，在21～30℃的水温中均能生存，对水质要求不严，但以中性水为好。

繁殖方法：头尾灯鱼属卵生热带鱼类，幼鱼经6个月生长进入性成熟期，繁殖时用8月龄的鱼较好。雌雄亲鱼可按1∶1或1∶2的比例放入，一般头天晚上放入，第二天黎明即可产卵，产卵完毕应将亲鱼捞出另养。

热带鱼中除卵胎生鱼喜欢弱碱性软水外，大多数喜欢在微酸性软水中生活，个别品种要求碱性软水。

盲鱼

别　　称：无眼鱼、盲眼鱼、墨西哥盲鱼、墨西哥侧带脂鲤鱼。

科　　属：脂鲤科。

体　　长：7厘米左右。

分　　布：墨西哥山洞的地下湖泊中。

鱼体特征：盲鱼体侧扁，各鳍透明，全身亮银色，有珍珠光泽。据有关资料介绍，因此鱼终年生活在无光的环境中，因此眼睛已退化，成年盲鱼没有眼睛。正因为如此，盲鱼身上的侧线特别发达，因为它是鱼体接受外界信息、辨别方向的主要器官。

雌雄鉴别：同龄的成熟盲鱼，在个体上差别较大。雄鱼个体小于雌鱼，雌鱼体大而丰满。

饲养要求：对水质要求不严，能在水温为20～30℃的水中生活，如水温低于20℃，容易患白点病。该鱼食量大，不挑食，但爱吃动物性饵料。喜在黑暗的环境中觅食、游动。

注意事项：盲鱼活泼好动，对外界环境有较强的适应能力，容易饲养。此鱼可以和其他要求相同的热带鱼混养，但如果条件许可，最好将盲鱼单独饲养在一个水族箱中。盲鱼活泼好动，经常在水面跳跃，故水族箱应加盖，以防跃出水面。

有趣的是，2月龄以前的盲鱼幼鱼有眼睛，只是长大后才变瞎的。这一现象更能说明，盲鱼的祖先原来是有眼睛的，因为长期生活在没有光线的地下湖泊中，眼睛才一代一代逐渐退化的。更有趣的是，盲鱼的摄食能力并不比其他品种的热带鱼差，只要将饵料投入水族箱，盲鱼立即就会发现，并游过来摄食。

繁殖方法：盲鱼属卵生鱼类，幼鱼经6个月生长性腺开始成熟。繁殖前须将雌雄鱼分开精养2周。繁殖时水底要铺粗沙，并铺设较柔软的水草，水温26℃左右，pH值6.8～7.2。将精养好的盲鱼于傍晚配对放入繁殖水体，一般翌日早晨开始发情产卵。此鱼产卵非常有趣，产卵前，亲鱼互相绕圈旋转，长达数小时，如同跳慢节奏的水中华尔兹舞。然后雌雄亲鱼身体靠在一起，雌鱼排卵，雄鱼同时射精，使卵受精，雄鱼排完精后便离去，这时雌鱼还继续排卵，并吞食已排出的卵。此时应迅速捞出亲鱼。受精卵经24小时左右可孵出仔鱼， 3天后仔鱼开始游动觅食，开口食以“洄水”、纤毛虫等小型饵料投喂，1周后改喂小型鱼虫。如果喂养得当，仔鱼生长迅速，3周龄时就能初显成鱼体色。

TIPS

适当的光照可促进热带鱼甲状腺的分泌功能，有利于鱼体的生长发育和体色的艳丽。但给予热带鱼的光照量应适当，不能过量，过量的光照也会产生不利的影响。

拐棍鱼

别　　称：斜形鱼、企鹅鱼、黑白线鱼、定风旗鱼。

科　　属：脂鲤科。

体　　长：5厘米左右。

分　　布：南美洲亚马孙河流域。

鱼体特征：鱼体形细长而侧扁，腹略圆，头小眼睛大。通体基调色为银灰色，腹部以后转为灰绿色。体侧有一条鲜明的黑色粗条纹，从鳃盖后缘起，到尾柄基部转弯向下直抵尾鳍下叶末端，形似一根弯头拐棍。拐棍鱼最大的特点是，游动时头朝上，身体下垂与水平面呈45°角，所以又名斜形鱼。拐棍鱼有时在水中呈停止状态，也是呈45°角，甚至能直立于水中。

雌雄鉴别：拐棍鱼雌雄较难鉴别。一般雌鱼体都较雄鱼体大，而且鱼体也较雄鱼宽厚，体色也较雄鱼浅淡一些。

饲养要求：适宜水温22～26℃。喜食蚊子幼虫孑孓及其他活饵，人工饵料亦可。

注意事项：拐棍鱼喜生活在弱酸性或中性的软水中，饲养缸内要铺沙子或小块沙砾，宜多种些水草。

繁殖方法：拐棍鱼属卵生鱼类，12月龄进入性成熟期。拐棍鱼的繁殖用水要求温度28℃、硬度6～9，水质呈弱酸性或中性软水。拐棍鱼的产卵活动非常兴奋热烈，整个产卵过程可持续1.5～2小时，产卵后种鱼要及时捞出另养。

一般来说，卵胎生鱼类喜欢较强的光照，每天接受一定时间的光照，有利于其生长发育和繁殖，尤其是像雄性金玛丽鱼，如果每天给予一定的光照，它的特色就会展现得十分充分。

柠檬灯鱼

别　　称：柠檬翅鱼。

科　　属：脂鲤科。

体　　长：4厘米左右。

分　　布：南美洲的巴西和亚马孙河流域。

鱼体特征：此鱼体呈长梭形，头大而略尖，眼大。背鳍尖而高，位于背上中部；胸鳍小，后位；臀鳍窄长，直至尾鳍基部；尾鳍深叉形。体色以淡淡的黄绿色为主，近似于透明，闪银光，体两侧中部有一条光亮耀眼的黄色条纹，眼虹膜红色。背鳍的上下两端为浓柠檬色，上缀有黑色密纹；臀鳍前缘几根鳍条也呈浓柠檬色，余下均透明包黑边。

雌雄鉴别：雄鱼后半身窄长，体色比雌鱼浓重，臀鳍边缘线粗大，并有小钩；雌鱼无钩，腹部稍膨大。

饲养要求：适宜水温23～26℃。此鱼喜食小型活饵，也能接受冰冻饵料或者人工制作的干饵料。

注意事项：柠檬灯鱼喜群聚游动于水体中层。喜弱酸性软水，水体宽敞并需种有水草。由于柠檬灯鱼性情温和，故可与其他品种的小型热带鱼混养。

繁殖方法：柠檬灯鱼属卵生鱼类，幼鱼经6个月生长性腺开始成熟。雌雄鱼可按1：2的比例在傍晚放入繁殖水体，一般翌日黎明即可产卵，产卵结束后须捞出亲鱼。受精卵约24小时可孵化出仔鱼，3～4天后仔鱼游动觅食。

在热带鱼中，大多数的品种是肉食性的，喜欢吃动物性饵料，吃动物性饵料的鱼生长发育快。也有些品种的热带鱼是杂食性的，这些品种的鱼既吃动物性饵料，也吃植物性饵料。

三间鼠鱼

别　　称：小丑泥鳅、皇冠泥鳅。

科　　属：鲶科。

体　　长：10～15厘米。

分　　布：印度尼西亚苏门答腊。

鱼体特征：外形呈圆筒状，体色为淡橘黄色，体侧有3条不规则黑色带纹。其胸鳍、腹鳍、尾鳍为红色，其他各鳍均为无色透明。三间鼠鱼的特异之处在于其眼睛底部位有利刺般的自卫武器，每当遭受侵犯时，其暗刺就会自动伸出进行防卫。

雌雄鉴别：雌雄难以辨认。

饲养要求：适宜水温20～25℃。爱吃活饵。

注意事项：三间鼠鱼性情温和，体格强壮，胆子小，适应性强，易于养殖。三间鼠鱼可与性情温和的其他热带鱼混养。该鱼动作敏捷，喜在水的底层活动。水族箱中可种植水草，摆放山石，供其藏身。三间鼠鱼为卵生鱼类，在水族箱中繁殖非常困难，人工繁殖方法有待进一步研究。三间鼠鱼虽然是泥鳅的同族弟兄，但其外形比泥鳅漂亮。喜欢群游，泳姿特别优雅，且有极高的观赏价值。

动物性饵料是指污水坑、死水塘中孳生的各种水生浮游小动物，即各种水蚤类的小虫。其他如碎的猪肝或羊肝、兔肝、鱼、虾、肉、熟蛋黄粉等，也都是营养极好的动物性饵料。

玫瑰扯旗鱼

别　　称：红扯旗鱼、红旗鱼。

科　　属：脂鲤科。

体　　长：4厘米左右。

分　　布：南美洲亚马孙河流域。

鱼体特征：鱼体呈纺锤形而侧扁，尾鳍叉形，胸鳍、腹鳍较小，臀鳍很长，一直延伸到尾鳍基部。背鳍黑色，四周镶白边，呈尖旗状，立于背之中央。玫瑰扯旗鱼体的基本色调为淡红色，胸腹部呈鱼白色带微红；臀鳍鲜红色，前半部镶白边，后半部近尾鳍处镶黑边；尾鳍、腹鳍均为鲜红色，胸鳍很小，近似透明；鳃盖后有一块菱形黑斑。

雌雄鉴别：玫瑰扯旗鱼的雌雄鉴别不太困难。雌鱼腹部膨大而且较圆；雄鱼较瘦长，且鱼鳍也比雌鱼的长，有明显的婚姻色。

饲养要求：适宜水温23～26℃。它喜食各种鱼虫，也食昆虫幼虫及干饵料。

注意事项：玫瑰扯旗鱼是一种小型热带鱼，喜欢生活在下层水域，要求饲水为pH值6.5～6.8、硬度低于8的弱酸性软水，在21～30℃的环境下都能生活。玫瑰扯旗鱼性情温和、活泼，能与其他小型鱼混养。

繁殖方法：玫瑰扯旗鱼属卵生鱼类，6月龄进入性成熟期，一般用8月龄的鱼繁殖较好。繁殖用水要求pH值6.6～7.0、硬度3～6、温度27～28℃。

TIPS

热带鱼的食性分为纯食动物性饵料、既食动物性饵料又食植物性饵料、纯食植物性饵料三种情况。

红鼻鱼

别　　称：红头鱼、红鼻剪刀鱼。

科　　属：脂鲤科。

体　　长：5～6厘米。

分　　布：南美洲亚马孙河流域。

鱼体特征：体色基调为淡青泛黄，腹部银白色。鱼体后1/3处起有一条黑带，颜色由浅到深，直至尾鳍中央处。红鼻鱼最明显的特点是，头部上方从吻端到鳃盖后缘有一块深红色的色块。红鼻鱼的鳍也颇有特色，尾鳍呈单凹形，上下两片对称，每片尾鳍上各有一卵圆形黑斑，其周围有乳白色斑块。除脂鳍白中带青外，其余各鳍皆透明。

雌雄鉴别：雌雄红鼻鱼的外形极相似，比较难区别。一般只能从体形上来区分，雄鱼体较雌鱼细长，雌鱼腹部较雄鱼肥大，特别在怀卵期膨大更为明显。

饲养要求：适宜水温22～26℃。鱼虫及人工饵料均可喂养。

注意事项：红鼻鱼也是一种别具一格的小型热带鱼，饲水水质要求为pH值6.8左右、硬度小于8。喜在各层水域游动，游动快捷，饲养缸内可适当植水草。

繁殖方法：红鼻鱼属卵生鱼类，6～8月龄进入性成熟期。繁殖红鼻鱼比较困难，需大型繁殖箱，水位不宜过深，箱底要植入细软水草，水质要求pH值6.8、硬度1～2、水温27℃左右。

对留作产卵用的神仙鱼、蓝三星鱼、接吻鱼以及卵胎生鱼，应适当加大鱼虫的投放量和投放次数，以确保这些鱼的性腺发育。

七星刀鱼

别　　称：七星飞刀鱼、弓背鱼、东洋刀鱼、花刀鱼。

科　　属：古代鱼科。

体　　长：80～100厘米。

分　　布：印度、泰国、缅甸。

鱼体特征：外形呈长刀形，前半身较宽厚，尾鳍尖形，背呈微弓形隆起。体色为银灰色，体侧有圆形镶白边的黑色斑点，从腹部开始排列至尾部。幼鱼期体表并无黑色斑点，只有10多条淡淡的斜纹，成鱼后才变成黑色斑点。背鳍很小，透明。臀鳍从腹部开始一直延伸到尾部，与尾鳍连接在一起，形成一个薄薄的边缘，就像刀刃一样。嘴里有细小的牙齿，有气囊为辅助呼吸器官。

饲养要求：适宜水温22～25℃。此鱼生长迅速，不择食，吃动物性饵料，摄食量较大，喜食活小鱼、小虾，通常在夜间活动觅食。

注意事项：七星刀鱼性情较温和，易于人工养殖，可与个体相仿的热带鱼品种混养。适应弱酸性水质。七星刀鱼性成熟时，雌鱼腹部膨大。属卵生鱼类，卵多产在石块上。雌鱼产卵后，雄鱼有护卵的习惯。该鱼人工繁殖较为困难。

水族箱内的饲水经过一定时间后，由于鱼的呼吸以及排便和残饵的沉积，加上水草在非光照条件下排出二氧化碳等原因，水质会逐渐受到污染而恶化，严重时会导致鱼儿和水草死亡，因此，必须要定期对饲水进行更换。

蓝三角鱼

别　　称：三角鱼、三角灯鱼、大蓝三角鱼、黑三角鱼。

科　　属：鲤科。

体　　长：4厘米左右。

分　　布：泰国、马来西亚、印度尼西亚的苏门答腊岛等地静止的或水流缓慢的天然水域。

鱼体特征：此鱼体呈亚纺锤形，稍侧扁。眼大，眼虹膜发出红色光泽，尾鳍叉形。背部朱红色，背鳍、臀鳍、尾鳍均为红色，并有白色镶边，胸鳍和腹鳍无色透明。鳃盖及身体前部银白色，身体中部从腹鳍前端至尾鳍基部有一块醒目的黑色三角形斑纹，蓝光闪闪，

雌雄鉴别：在繁殖期雄鱼体色比平时鲜艳浓厚，雌鱼腹部较膨大，体色较淡。

饲养要求：适宜水温24～26℃。因蓝三角鱼喜在中上层水域活动觅食，饵料以小型鱼虫等活饵为主，过于粗大及易沉底的饵料不宜投喂。

注意事项：蓝三角鱼属小型娇贵的品种，虽然性情温和，但较难饲养。该鱼最早生活在泰国、马来西亚、印度尼西亚等温暖的水域中，那里的水质硬度很低，一般只有1～5， pH值只有5～6.5，并且水中含有较多的腐殖质。蓝三角鱼人工饲养后，虽经多年培育、驯养，但对水质要求还是比较严格，这给饲养带来一定的难度，管理时需多加小心，尽量用酸性软水饲养，昼夜温差不得超过3℃，保持水体清澈。该鱼适宜在老水中生活，饲养过程中应多开过滤器少换水，每次换水量以不超过1/7为宜。养这种鱼需要有较密的植物背景和顶部来的光线。

蓝三角鱼属于活泼温和型的鱼，虽然能与别的鱼混养，但不能因此而将它和大型鱼混养，否则常会因受欺而不断游动，摄食大受影响，时间一长，鱼体消瘦，色泽暗淡，降低观赏价值。蓝三角鱼和脂鲤科中的红绿灯鱼一并被称为热带鱼中的

“皇后”，是最受欢迎的小型热带鱼品种之一。

繁殖方法：蓝三角鱼属卵生鱼类，幼鱼经8个月生长进入性成熟期，人工繁殖比较困难。繁殖时要求水温控制在28～30℃，pH值5.5～6.5，硬度1～5。繁殖箱内宜种一些如皇冠草之类的阔叶水草，作为产卵附着物。雌雄亲鱼可按1∶1的比例放入繁殖箱内，雄鱼追逐雌鱼后，雌鱼将卵产在阔叶水草的叶背面，雄鱼随之使其受精。这样的产卵受精过程要重复多次，直到产完卵为止。产卵完毕要立即将亲鱼捞出另养。受精卵到第二天即可孵化出仔鱼， 3～4天后仔鱼开始游动觅食，开始可喂蛋黄水，10天后改喂小型鱼虫。雌鱼每次产卵50～200粒，产卵间隔时间约15天。

TIPS

热带鱼的分类方法很多，如根据鱼的行为特征，热带鱼又可分为三大类，即文静类、活跃类、好斗类。

金丝鱼

别　　称：白云山鱼、唐鱼、白云金丝鱼、红尾鱼、彩金线鱼。

科　　属：鲤科。

体　　长：3～4厘米。

分　　布：我国广州白云山的溪流中。金丝鱼首次被发现是在我国广东省广州市北郊的白云山，故称白云山鱼。

鱼体特征：此鱼体呈梭形，头小，眼大，吻钝圆。鱼的背部为深茶褐色中略带蓝色，腹部银白色，背鳍和尾鳍鲜红色，腹鳍尖端呈黄色，尾部中央也为红色。体两侧从沿侧线位置向后有一条金黄色带纹，从黑眼珠开始直至尾柄末端，此外还有一金色斑点，故得名金丝鱼。

雌雄鉴别：雄鱼体比较瘦长，鳍形较大，体色也较鲜艳美丽；雌鱼较雄鱼肥大，腹部稍隆起略带白色，体色较淡。

饲养要求：适宜水温20～25℃。金丝鱼虽食性杂，但较喜食动物性饵料。

注意事项：金丝鱼性情活泼温和，食性杂，耐寒性又强，容易饲养，很适合初养者饲养。可以适应10～30℃的水温，它能耐低温，即使是在5℃的水中也能生存。

繁殖方法：金丝鱼属卵生鱼类，幼鱼经6个月生长进入性成熟期。亲鱼配对放入繁殖水体中，亦可采取群体繁殖。雄鱼追逐雌鱼产卵受精，产卵受精结束后，要立即将亲鱼捞出另养。受精卵经1～2天便能孵化出仔鱼， 3天后仔鱼开始游动觅食。

有关搭配混养，应首先了解热带鱼品种间或个体间食性与习性的差异，以及各个品种对水质的不同要求等生理特点，然后再确定能够共养在一起的品种。

金鼓鱼

别　　称：金钱鱼。

科　　属：金钱鱼科。

体　　长：25 ~ 30厘米。

分　　布：印度尼西亚、菲律宾等。

鱼体特征：外形侧扁，近乎椭圆形，浅金黄色，腹部蓝绿色，体表布满黑色圆斑点。其体色因环境或水域的不同时常发生变化，幼鱼时体色呈橄榄色略带金黄色。

雌雄鉴别：这种鱼的雌雄鉴别很困难，仅仅能依靠腹部的膨胀程度来辨别。

饲养要求：适宜水温23 ~ 26℃。金鼓鱼食性较杂，各种饵料都可以喂食。

注意事项：金鼓鱼体形较大，性情温和，可与其他品种的大型热带鱼混养。此鱼食量较大，生长快，容易饲养。水质为弱碱性硬水，日常饲养时要注意定期换水。因此鱼属浅海沿岸礁区的鱼类，虽然可在淡水中饲养观赏，但人工饲养时仍应在养殖缸内定期加些珊瑚沙和食盐。此鱼背鳍鳍条能分泌毒液，刺着皮肤后会肿胀酸麻，故捕捉时不可以用手直接接触。家庭养殖中很难人工繁殖成功。

由于热带鱼和水生植物的新陈代谢作用，水族箱中的饲水会逐渐污染、变质，往水族箱中兑水或经常换水是改善水质的一种方法。另一种方法是安装水质过滤器，滤除饲水中的各种杂质，保证水中有足量的溶解氧。

雀鳝鱼

别　　称：尖嘴鳄、鸭嘴鳄。

科　　属：雀鳝科。

体　　长：40～50厘米，天然水域中野生的可达90厘米，是远古时代留下的品种。

分　　布：北美洲的淡水湖。

鱼体特征：鱼体长筒形，头吻扁平，上下颌突出较长，有牙齿，酷似鳄鱼嘴。皮肤有菱状硬鳞覆盖，皮坚、鳞厚。背鳍、臀鳍短小，远离头部，位于尾柄前，上下对称，形状、大小相似。腹鳍居中。体色基调青灰色，体表布满深色斑纹。体色斑纹和头形等因品种不同而异。

饲养要求：适宜水温18～30℃。喜吃小鱼等活食，也摄食肉块、鱼块。

注意事项：雀鳝鱼适应性强，生长快，需选用大型水族箱饲养。水质要求中性或碱性硬水，能适应低温低氧条件。此鱼在水中用鳃呼吸，当水中缺氧时，因其鳔间隔多，就将长嘴伸出水面直接呼吸空气。雀鳝鱼人工繁殖困难。

当气温在18℃时，饲养耐20℃低温的热带鱼，可利用阳光和室内的条件，使水族箱的水温提高2℃，以达到饲养要求。

玻璃扯旗鱼

别　　称：黄扯旗鱼。

科　　属：脂鲤科。

体　　长：4～5厘米。

分　　布：南美洲亚马孙河流域。

鱼体特征：鱼体光滑、透明，体形纤细，侧扁，背鳍尖旗状，尾叉形。

雌雄鉴别：玻璃扯旗鱼的雌雄比较容易区别。雄鱼鱼体较颀长，雌鱼体腹中间有银光色，腹部较圆。

饲养要求：适宜水温23～26℃。由于此种鱼鱼体瘦小，宜投喂细小饵料，并且要注意饵料品种多样化。玻璃扯旗鱼性情温和，可与其他品种热带鱼混养。水质要保持清澈透明，较能耐低温，15℃水温中也能生存，但体色透明度会减弱。

繁殖方法：玻璃扯旗鱼的繁殖缸不宜过大，缸底可铺满头发丝草作为产卵附着物。玻璃扯旗鱼属卵生鱼类，繁殖用水要求硬度在8以下、pH值6.8～7.2，适宜水温为25～28℃。亲鱼可按1：1的比例配对入缸，一般于第二天黎明时，雄鱼即会追逐雌鱼使其产卵受精。产卵后亲鱼即可捞出另养。受精卵一般经24小时即可孵化出仔鱼，再经过3天左右的时间，仔鱼开始游动觅食。

有些热带鱼，其原产地的水中含盐量较高，饲养这类鱼时就应在水中加入适量的盐。

黑裙鱼

别　　称：半身黑、黑牡丹、黑扯旗鱼、黑蝴蝶、黑裙子。

科　　属：脂鲤科。

体　　长：7厘米左右。

分　　布：巴西、巴拉圭、玻利维亚及亚马孙河流域。

鱼体特征：体高而侧扁，近似圆卵形。背鳍高短、居中，臀鳍宽大，尾鳍叉形。身体前半部为银灰色，后半部黑色，背鳍、臀鳍黑色，尾鳍白色，尤其是臀鳍宽大，颜色深黑，特别醒目。该鱼在受到惊吓时，体色会变浅，随后又恢复原体色。

雌雄鉴别：雄鱼腹部扁平，色略深；雌鱼腹部圆胖。

饲养要求：适宜水温20～30℃。各种饵料均食，食量大，生长快。此鱼容易饲养，对饲养条件要求不高，水质为微酸性软水。

繁殖方法：黑裙鱼属卵生鱼类，幼鱼经8个月生长性腺开始成熟。繁殖时水温宜保持在27～28℃，水质为微酸性软水，水体四角密植茂盛水草。于傍晚时将一对亲鱼放入繁殖水体中，一般翌日黎明亲鱼就会产卵。产卵时，雄鱼追逐雌鱼，雌鱼游到角落的草丛中，鱼卵就会散落下来，雄鱼随即授精，产卵结束后立即将亲鱼捞出。受精卵经24～36小时孵出仔鱼，刚孵出的仔鱼常常拖着小尾巴浮在水面，3～4天后仔鱼开始游动觅食。

热带鱼卵孵化与水温、水质、光线等关系极为密切，这些因素是热带鱼能否繁殖成功的关键。

厚唇攀鲈鱼

别　　称：厚唇鱼、五彩曼龙鱼。

科　　属：攀鲈科。

体　　长：8～10厘米。

分　　布：印度、缅甸、孟加拉国。

鱼体特征：体呈卵圆形，侧扁，最明显的特征是有突出的厚嘴唇，故得名厚唇攀鲈鱼。此鱼背鳍、臀鳍长且对称，鳍形延长至尾鳍基部；胸鳍呈长须状触须。鱼体基调色以棕黄色为主，从鳃盖起到尾柄末端，体侧布有10条灰色条纹，条纹间略显红色，背鳍、臀鳍有黄绿色镶红边，其余各鳍上均有红色小斑点。

雌雄鉴别：雄鱼的背鳍和臀鳍末端很尖。雌鱼的背鳍和臀鳍末端呈圆形，身体较雄鱼粗壮。

饲养要求：适宜水温20～28℃。厚唇攀鲈鱼属杂食性鱼类，既食动物性饵料，也食植物性饵料。

注意事项：厚唇攀鲈鱼比较耐寒，在18℃左右的水中也能生活。它有褶鳃，可从水面空气中吸氧，因此水中溶氧不足也照常生活。

繁殖方法：厚唇攀鲈鱼属泡沫卵生鱼，幼鱼经8个月生长进入性成熟期，人工繁殖并不难。繁殖用水最好是老水，适宜水温为28～30℃，水体四周要暗淡。繁殖箱内应放一些浮性水草，便于雄鱼吐泡筑巢。具体繁殖方法同蓝星鱼。

从优生优育角度看，要想顺利地、大量地获得新生的热带鱼，其种鱼应从培养起来的品种中选择优异的个体进行交配。

红尾玻璃鱼

别　　称：玻璃红翅鱼、玻璃血翅、红尾巴水晶鱼。

科　　属：脂鲤科。

体　　长：6厘米左右。

分　　布：南美洲亚马孙河流域。

鱼体特征：体狭长，尾红色，腹部银白色，全身透明，在清澈的水体中，可清晰地看到鱼体内脏和骨骼。

雌雄鉴别：红尾玻璃鱼雌雄区别在于，雄鱼臀鳍前端的鳍条比雌鱼的长，而雌鱼的体形较雄鱼的长，而且身体略宽。怀卵期雌鱼腹部明显膨大。

饲养要求：适宜水温21～28℃。红尾玻璃鱼喜在中层水域活动、觅食，对食物不挑剔，各种鱼虫及人工饵料均可喂养。红尾玻璃鱼性情温和，能和别的热带鱼混养。对水温有较强的耐受力，能在17～32℃的水中生活。红尾玻璃鱼喜群游，游泳速度快，爱跳跃，受惊吓或饲水缺氧时常常会跃出水面。

繁殖方法：红尾玻璃鱼属卵生鱼类，6月龄进入性成熟期，一般用10月龄的鱼来繁殖较好。繁殖时，不要等到雌鱼腹部膨大，只要稍有隆起，便可用来繁殖。红尾玻璃鱼对繁殖用水的要求为：pH值6.6～7.2，硬度7～9，水温28℃左右。繁殖缸底需铺水草作为产卵附着物，雌雄鱼可按1：1或2：1的比例配对放入繁殖缸，一般第二天即可产卵受精。受精卵经24小时可孵化成仔鱼，2～3天后就可喂蛋黄或水蚤，以后逐步喂食其他鱼虫。

热带鱼的繁殖季节一般都在春季或秋季，大多数是在性成熟期过后的1～4个月时进入发情期。

反游猫鱼

别　　称：朝天鲶鱼、倒游鲶鱼、背游刚果鲶鱼、倒游刚果鲶鱼、向天鼠鱼、倒天猫头鱼。

科　　属：鲶科。

体　　长：5～6厘米。

分　　布：非洲刚果河流域。

鱼体特征：长椭圆形，体表基调色为黄棕色，腹部黄白色，身上布满不规则的、或浅或深的棕色和紫红色斑块。除背鳍黑褐色外，其余各鳍与体色相似。反游猫鱼的1对大眼睛能发出宝石般的光泽，头部有3对触须，上唇1对较长，下唇1对较短，是一种反应灵敏的触觉器官。

雌雄鉴别：一般雄鱼身体较雌鱼瘦小，雌鱼体较肥壮。

饲养要求：适宜水温24～26℃。反游猫鱼的食性杂，除食动物性饵料鱼虫、孑孓等外，饲养箱内应种植一些软性水草供其啃食。

注意事项：反游猫鱼喜生活在软水环境中，饲养箱要大一些，不能太小。反游猫鱼平时喜在较暗的环境活动，所以水族箱最好用间接的散射光照明为好。反游猫鱼属卵生鱼类。目前有关这种鱼的繁殖条件尚未摸清，人工繁殖还比较困难，鱼的主要来源还是野生。

把种鱼从平常的饲水中取出，直接放入产卵箱弱酸性软水中，鱼儿在生理上难以适应环境条件的突变，会影响产卵。

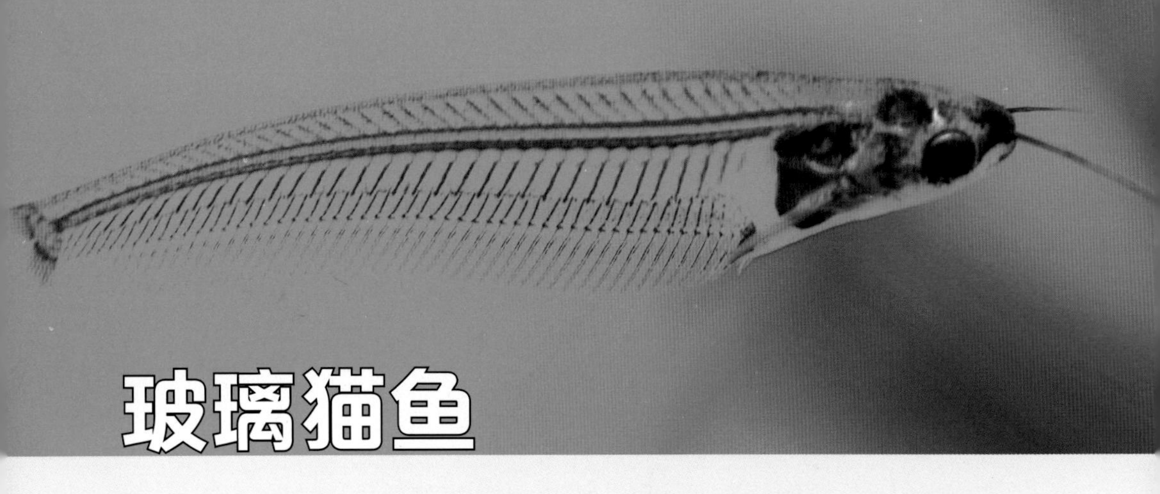

玻璃猫鱼

别　　称：印度玻璃猫头鱼、猫头水晶、玻璃鲶。

科　　属：鲶科。

体　　长：10～12厘米。

分　　布：马来西亚、印度尼西亚等。

鱼体特征：形如一片柳叶，头尖，嘴上有两根长触须，体前半部较宽厚，后半部尖长。胸腹极短，头、胸、腹仅占全长的1/4，尾柄亦很短，尾鳍叉形。背鳍已退化，臀鳍和臀鳍基部很长，前后鳍条等宽。体色淡青如玉，通体透明，内脏清晰可见。

饲养要求：适宜水温22～28℃。不择食，爱吃活食，如鱼虫、线虫等。

注意事项：玻璃猫鱼性情温和，喜群聚，宜同种鱼群混养，或与性情温和的其他品种热带鱼混养，单养时容易死亡。喜弱酸性软水、老水。玻璃猫鱼对水温、水质要求较严格，应尽量养在老水中，饲水兑换只能少量，兑水的温度要一致。此鱼常活动在水的中层，游动时尾部下垂。

模拟产地自然条件，正确选择和使用刺激物，是保证人工有效繁殖热带鱼的关键。包括：活饵刺激、新水刺激、水温刺激、光线刺激、降低水位等。

射水鱼

别　　称：枪鱼、射手鱼、高射炮鱼、喷水鱼、捉虫鱼。

科　　属：射水鱼科。

体　　长：20 ~ 24厘米。

分　　布：南美洲的亚马孙河及东南亚和大洋洲。

鱼体特征：体侧扁，长椭圆形，头吻较尖。眼睛特大且有神。背鳍后位与臀鳍对称，形状相似，呈半圆形，后端紧靠尾柄。尾鳍平截近似三角形。体色金黄，体表有6条黑色环带缠绕鱼身。第一条贯穿眼部，第二条在鳃盖部位，第三条位于鳃盖后由背至胸，第四条上至背鳍起点处下至腹部，第五条始于背鳍至体侧，第六条在尾柄上。背鳍、臀鳍边缘均有较宽的黑色斑块。

饲养要求：适宜水温26 ~ 28℃。此鱼常在水的上层活动，饲养时水面不宜放置浮性水草，爱吃蚊虫、蛾子、蜘蛛、苍蝇等昆虫，也可喂红虫、水蚯蚓等活食。

注意事项：射水鱼性情温和，容易饲养，可与其他品种的热带鱼混养，但因其口很大，不宜与比它小的鱼混养。适宜水质为中性至弱碱性，水中应适当加些食盐。射水鱼为卵生鱼类，性成熟后雌鱼比雄鱼体宽。雌鱼产浮性卵于浮巢中，每次可产500余粒。受精卵在12 ~ 20小时内可以孵出仔鱼。射水鱼上颌中央有一凹痕，在口舌的压力下喷射出水柱，可击落附近90厘米以内树枝和草叶表面的昆虫。

卵生鱼类从受精卵中孵化出的仔鱼，是靠吸取体内卵黄囊中的营养物质来维持生命的，一般在2 ~ 3天后才开始摄食。刚开始游动觅食的仔鱼身体极细小，这样小的仔鱼不能用一般热带鱼平常吃的饵料喂养。

玻璃拉拉鱼

别　　称：玻璃鲈鱼、拉拉鱼、印度玻璃鲈鱼、玻璃鱼。

科　　属：锯盖鱼科。

体　　长：3～4厘米。

分　　布：亚洲的印度、孟加拉国、缅甸及泰国。

鱼体特征：体呈卵圆形，侧扁，通体透明，在光线照耀下，体内内脏轮廓清晰可见。这种小巧玲珑、别具一格的热带鱼，深受人们的喜爱。玻璃拉拉鱼有两个背鳍，前背鳍呈三角形，末端止于躯干中央，后背鳍紧接前背鳍，一直延长到尾柄末端。臀鳍宽大且长，边缘和背鳍一样均有蓝色镶边。

雌雄鉴别：成年雌鱼略大于雄鱼，体形较雄鱼圆而略短；雄鱼体色呈淡黄色，颜色比雌鱼鲜艳，腹部中间有一银色圆斑，躯体小于雌鱼。

饲养要求：适宜水温16～30℃。食性杂，鱼虫、孑孓及其他昆虫的幼虫都吃。

注意事项：玻璃拉拉鱼性情温和，可与其他热带鱼混养，且适应性强，容易饲养。玻璃拉拉鱼对水质无苛刻要求，在软水或硬水中均能生活，但比较喜欢弱酸性的老水。它比较耐寒，甚至可忍受8℃的低温。玻璃拉拉鱼喜群居，躲在草丛中，并喜欢在上层水域游动觅食，若在饲水中添加少量食盐会更有利于其生长。喜爱光照，每天应给予10小时以上的光照。

繁殖方法：玻璃拉拉鱼属卵生鱼类，5月龄进入性成熟期，一年可繁殖多次。玻璃拉拉鱼不难繁殖，对繁殖用水要求为硬度7～10，pH值7～8，水温以26～27℃为宜。繁殖缸里应种植几株较大的水草，如菊花草等，也可放置一些浮性水草作为着卵物。亲鱼可按雌雄鱼1∶1的比例，或雄鱼稍多一些的比例配对入缸。玻璃拉拉鱼是领地观念很强的鱼，群体繁殖时，雄鱼在划分、占领领地时会发生厮打现象，可不

予置理，因为不会造成伤亡。一旦领地划分妥当，便会安静下来，开始各自追逐雌鱼的产卵活动。每尾鱼可产卵150粒左右，一产完卵应立即把亲鱼捞出另养。

受精卵经24小时左右可孵化出仔鱼，再经2～3天仔鱼开始游动觅食。玻璃拉拉鱼的仔鱼极小，只有0.5毫米左右长，体透明，只能看见其眼睛（为一小黑点），所以喂养好仔鱼是繁殖玻璃拉拉鱼成功的关键。玻璃拉拉鱼的仔鱼不仅个体极小，而且不大爱游动，喂养时不能用"洄水"直接作开口食，而要用200目的细筛筛选最小的"洄水"来喂，还要将这种"洄水"投喂在它们附近。另外还要注意光照，繁殖缸要通宵用灯光照明，同时要保持饲水的清新。以上条件是使仔鱼渡过难关的必要条件。10天后才能过渡到直接喂"洄水"或小型鱼虫。

TIPS

热带鱼的繁殖方式可分为卵生和卵胎生两大类。根据其产卵特点可归纳为6种类型:卵胎生、泡沫卵生、磁板卵生、花盆卵生、口孵卵生、水草或石卵子卵生。

得克萨斯鱼

别　　称：得州豹、得州狮头。

科　　属：鲤科。

体　　长：20～30厘米。

分　　布：美国得克萨斯州及墨西哥。

鱼体特征：体形侧扁，体幅宽阔，椭圆形，头部较低，背部较高，体表灰白色，有青色小点和斑纹。性成熟时体侧由青色斑点变成珍珠色斑纹，闪闪发光，十分耀眼。

雌雄鉴别：得克萨斯鱼的雌雄鉴别比较容易。雄鱼体较大，头部有独特的“脂肪隆起”，背部与臀鳍又长又尖，体色艳丽，鲜明；雌鱼体色较淡，腹部隆起，头部无“脂肪隆起”。

饲养要求：适宜水温22～24℃，对水质要求不高。此鱼属肉食性鱼类，喜食红丝虫、水蚯蚓、面包虫、小鱼和小虾等活食。得克萨斯鱼性情暴躁，不可与其他品种热带鱼混养。

繁殖方法：得克萨斯鱼属卵生鱼类，12月龄进入性成熟期。一般用12～16月龄的鱼繁殖较好。繁殖水温25～27℃，水质中性。繁殖时在水族箱中放置光滑的石块，将一对亲鱼放入，亲鱼喜在岩石或水草丛中产卵，每对亲鱼可产卵400～2 000粒。受精卵粘附于石块上，2天后孵出仔鱼。

TIPS

成鱼和仔鱼最突出的不同点是：刚孵化出来的仔鱼，体质极为柔弱、娇嫩，经不起水流的激烈涌动，特别是经受不住外部环境突然变化的冲击。因此对这两方面都应处理得特别谨慎，操作也应特别细心，以防止仔鱼身体受到损伤。

蓝曼龙鱼

别　　称：蓝线鳍鱼、云石马甲鱼。

科　　属：攀鲈科。与蓝三星鱼同属同种，蓝三星鱼是其亚种。

体　　长：10～15厘米。

分　　布：马来半岛、印度尼西亚等。

鱼体特征：体呈椭圆形。体色与蓝三星鱼差别甚微，幼鱼期体色天蓝，非常美丽。经改良后的蓝曼龙鱼也叫云石曼龙，因它的蓝色斑纹在银底色上可现出如大理石般的花纹而得名。

饲养要求：适宜水温22～26℃，对水质要求不严。饵料以小型活食为主。蓝曼龙鱼性情温和，可与其他品种的热带鱼混养。

注意事项：蓝曼龙鱼的变异种还有金曼龙鱼和银曼龙鱼。金曼龙鱼体形特征与蓝三星鱼一样，体色金黄，眼睛红色，各鳍为银白色，上面布满金黄色斑点，鳃盖后半部在光照下金光闪闪，并透出淡蓝色，尾柄外有一黑色圆斑。银曼龙鱼也叫月光曼龙鱼，其体形特征与蓝三星鱼完全一样，体色很有特点，全身细鳞银白，在光照下可反射出神秘的幽幽银白色，各鳍均为半透明状，布满银白色斑点。

仔鱼的放养密度应根据人们为其提供的具体生活环境而定。饲水水面宽敞、水中溶解氧充足、水体清洁、杂质少，放养密度可大些，反之就要小些。

仙女鲶鱼

别　　称：天使鲶、满天星鱼。

科　　属：鲶科。

体　　长：10～20厘米。

分　　布：非洲的刚果河流域。

鱼体特征：此鱼躯体修长，头部较大，嘴上生有3对触须，胸鳍和腹鳍像飞机的翅膀一样张开，尾鳍尖长。蓝灰色的身躯上遍布着白色斑点，就像满天星星的夜晚，俗称“满天星鱼”。

饲养要求：适宜水温22～28℃。食性杂，对饵料不挑剔，偶尔也可喂些动物性饵料。

注意事项：此鱼白天隐藏于阴暗处，夜间外出活动觅食，因而水族箱内除栽种水草外，还需摆设些岩石块，以供其隐藏。此鱼性情粗暴，常用口中的细齿攻击其他鱼类，直至对方皮破血流为止，即使是同种鱼也会相互残杀。因此，与其他热带鱼混养时要特别注意。

此鱼系一种观赏价值很高的鱼类。目前，此鱼在水族箱中繁殖尚未有成功的经验。此鱼为数不多，价格很高。

在鱼体迅速长大的过程中，要根据不同品种鱼的要求，选择各种鱼适口的饵料来喂养，投饵量和投喂次数也要随着鱼体的增大而相应增加，每次投喂量控制在能让幼鱼在10～20分钟内吃完。

银鲨鱼

别　　称：黑鳍袋唇鱼。

科　　属：鲤科。

体　　长：20厘米。

分　　布：印度尼西亚的苏门答腊岛、马来西亚和泰国。

鱼体特征：此鱼躯体修长，侧扁菱形。吻部圆钝，向前突出，侧面在前，眶骨前缘有明显裂纹。唇很厚，肉质，背鳍、尾鳍大而尖锐，臀鳍无硬刺，体表银白色，各鳍呈黄色且具黑边。

雌雄鉴别：此鱼的雌雄较难区别，一般雌雄鱼在性成熟时通过观察鱼体变化来识别，雌鱼腹部略大。

饲养要求：适宜水温24～28℃，对水质要求不高，容易饲养。杂食性，饵料以水蚯蚓、红虫等为主，也食人工颗粒饵料。此鱼摄食量大，生长快，体格健壮，从不互相攻击。

注意事项：此鱼性情温和，体健壮，易饲养。幼鱼可与其他小型鱼混养，长大后应单独饲养或与体形同样大的鱼同养。其动作敏捷活泼，游泳迅速，成长快，应尽量使用大型水族箱饲养。因其有跳跃习性，水族箱必须加盖。此鱼的雌雄较难区别，尚未见到在水族箱内繁殖成功的报道。

鲤科热带鱼繁殖特点是：水草上产卵，受精卵经24～48小时孵出仔鱼。种鱼不护卵，多有吞食卵子的习惯。鲤科热带鱼容易饲养，对水温有较大的适应范围，管理比较简单。

青苔鼠鱼

别　　称：马头鳅。

科　　属：鲤科。

体　　长：18厘米。

分　　布：我国云南省西双版纳（澜沧江下游江段）、泰国等地。

鱼体特征：青苔鼠鱼鱼体细且长，稍侧扁。身体最高处在胸鳍起点处的垂直上方，由此处向前急剧下斜，向后则较为平直。头部长，侧扁。吻部特别长，前端略尖。眼睛生在较上的部位，不能看见腹部，明显地位于头的后半部。口在较下方部位，上唇边缘有发达的突起，侧端连于口角胡须的基部。唇后沟很深，共有3对胡须，包括2对吻须和1对口角须。背鳍外缘微凸，腹鳍短小，臀鳍短，尾鳍深凹。体上盖着细细的鳞片，头部没有鳞。

饲养要求：适宜水温23～27℃。舐食青苔或剩余的食物。该鱼饲养容易，适合任何水质。

繁殖方法：青苔鼠鱼的繁殖比较困难。先要在水族箱中铺上细沙，并在箱中多栽些水草。然后选择成熟的雌雄鱼作亲鱼。先将一尾雌鱼放入准备好的水族箱中，待雌鱼习惯新环境后再放入1～3尾雄鱼。此鱼一般在早晨或黄昏产卵。雌鱼先将雄鱼射出的精液用口含着送到水草叶面或岩石上，并让它粘贴在上面，然后雌鱼再产卵使其受精。产卵后将亲鱼移走，只留下卵在水族箱中，并向水族箱中稍充些氧。

丽科热带鱼繁殖特点：全为卵生繁殖，通常将卵产在平滑的石块、陶盆、玻璃片、金属片上，也有的将卵产在沙坑内。产卵后有护卵习惯，有些品种的鱼喜将卵含在口中孵化。

珍珠玛丽鱼

别　　称：珠帆玛丽鱼、鳍帆鳉鱼。

科　　属：花鳉科。

体　　长：10厘米左右。

分　　布：墨西哥尤卡坦半岛。

鱼体特征：背鳍宽大、挺拔，全部展开时甚为美观；鳍边缘镶有宽阔的红边，上有一串珍珠般的小黑点。珍珠玛丽鱼的基色为美丽的橄榄绿，腹部两侧由美丽的橄榄绿色逐渐过渡到淡蓝色。臀鳍、尾鳍、腹鳍、胸鳍均无色透明，眼眶虹膜闪耀着海蓝色的光辉。

雌雄鉴别：雄鱼的体色比雌鱼美丽鲜艳，且背鳍比雌鱼高大。在追逐雌鱼时，常像孔雀开屏一样，展示自己宽大的背鳍。雄鱼的臀鳍已转化为性交接器官，雌鱼的臀鳍则未转化。

饲养要求：适宜水温24～27℃。此鱼食性很杂，除食用动物性饵料外，还食植物性饵料，如水草或鲜嫩少纤维的菜叶（如菠菜叶）等。

注意事项：珍珠玛丽鱼适宜生活在pH值7.4～7.6、硬度8度以上的弱碱性硬水中。因该鱼体形较大，应尽量饲养在较宽大的水族箱内，底部可多种些水草，像饲养黑玛丽鱼一样，饲水中可加少量食盐。

繁殖方法：珍珠玛丽鱼属卵胎生鱼类。6月龄鱼性成熟，繁殖温度要求28℃。雄鱼以性交接器与雌鱼交配，受精卵在雌鱼体内孵化成仔鱼后排出体外。

攀鲈科鱼喜在26～28℃的中性或微酸性的老水中生活，饲水不宜多换，否则对鱼的生长发育以及繁殖能力都会产生不良影响。

宝莲灯鱼

别　　称：新红莲灯鱼。

科　　属：脂鲤科。

体　　长：4厘米左右。

分　　布：南美洲的亚马孙河流域。

鱼体特征：纺锤形，侧扁，头大，眼大，吻端圆钝，尾柄较宽，诸鳍均无色透明。该鱼体色非常艳丽，背部显黄绿色。这种鱼的显著特色在两侧，从眼后缘到尾柄处有一条明亮的蓝绿色纵带，色带下方有一片红色斑块，十分醒目。此鱼比头尾灯鱼、红绿灯鱼的颜色鲜艳，在观赏价值上也胜于头尾灯鱼和红绿灯鱼。

雌雄鉴别：宝莲灯鱼属卵生鱼类，幼鱼经7个月生长性腺开始成熟。雄鱼体细窄，体色亮丽多彩；雌鱼体宽、腹满，体色稍淡。

饲养要求：适宜水温22～24℃。此鱼各种饵料均食，但喜食小型活饵。

注意事项：宝莲灯鱼虽然胆小易惊，但容易饲养。喜群居，常活动于下层水域，水质为偏酸性至中性软水，水体中宜多种植些水草，且光线要暗，不宜常换水。由于宝莲灯鱼胆小易惊，故宜与其他品种的小型热带鱼成群混养。繁殖时，水温须控制在25～26℃，水质要求和繁殖方法同红绿灯鱼。

脂鲤科鱼的雌雄鉴别比较困难，属卵生繁殖，受精卵需附着在水草上，繁殖条件要求苛刻，有吞食鱼卵的习惯。

象鼻鱼

别　　称：鹳嘴长颌鱼、象鼻子鱼。

科　　属：起吻鲟科。

体　　长：18～20厘米。

分　　布：非洲的喀麦隆。

鱼体特征：鱼体呈长形，其吻部突出，形如象鼻之状，可以扭动，在水底沙中探觅食物，其形态动作滑稽可爱，故得名象鼻鱼。尾鳍深叉形，尾柄处细圆柱形。背鳍与臀鳍对称而生，且形状相似，均在身体后部，全身黑色，但尾鳍为灰黑色，有淡淡的白色边缘，身体后部有两条弧形白色横条纹。

雌雄鉴别：此类鱼雄鱼个体稍大，雌鱼腹部较大。

饲养要求：适宜水温22～28℃。喜吃动物性活饵料。象鼻鱼性情温和，可与其他品种的热带鱼混养。

注意事项：此鱼属夜行性鱼类，白天较少活动觅食。适宜中性或弱酸性软水。象鼻鱼同种之间经常争斗，又喜欢腾跃，能跃出水面，所以，饲养时鱼缸应加盖。象鼻鱼的种类很多，由于品种的不同，其体形，口形，头形，尾柄长短、粗细以及体色和条纹等方面都各不相同。其中鱼体粗短而鼻长的象鼻鱼尤为招人喜爱，这是非洲特产的珍稀鱼类。象鼻鱼的小脑比较发达，下颌上布满神经末梢，突出部能感觉和辨别食物。尾部肌肉经过演变，能产生微弱的电流，用以自卫。

锯盖鱼科热带鱼要求饲水清洁，水草细软，以细沙作水族箱底质。

金玛丽鱼

别　　称：大扯旗摩利鱼。

科　　属：花鳉科。

体　　长：10厘米左右。

分　　布：墨西哥。

鱼体特征：金玛丽鱼鱼体呈宽纺锤形，侧扁，尾鳍呈扇形，体色为金黄的底色，全身布满金红色的小斑点。从鱼体的鳃盖后端开始，有10条纵向的由金红色小点组成的条纹，一直延伸到尾柄的基部，色彩缤纷，似精心设计的图案，十分美丽，很具观赏价值。此鱼的形状与其他鱼不同的还有，它的背鳍异常宽大，其宽度可与鱼体的高度相近。

雌雄鉴别：雄鱼的背鳍又高又宽，臀鳍较窄而端部较尖；雌鱼个体较大，臀鳍为圆形。

饲养要求：适宜水温20～24℃。它的食性较杂，既能喂鱼虫等动物性饵料，也可喂些用开水烫过的切碎的菠菜叶。此鱼生性温和，是适合混养的鱼种。

注意事项：金玛丽鱼饲养比较容易，它喜欢在弱碱性的硬水中生活。唯一值得注意的是此鱼不能适应较低的水温，若水温低于18℃，就容易患白点病和水霉病。

繁殖方法：金玛丽鱼系卵胎生鱼类，繁殖时水温以26℃左右为宜。作繁殖用的雌雄亲鱼的比例为1：2。在繁殖期间，水族箱中应多放置些水草。待雌鱼腹部膨大时，即预示产鱼期已经临近。此鱼体质较好，仔鱼产出后即可游动，开始摄食。

卵胎生鳉科热带鱼的特点是：喜欢中性或弱碱性水质，但能在硬度较高的水中正常生活和繁殖，且能耐受低温，这在所有热带鱼中是唯一的。

玻璃灯鱼

别　　称：红光灯鱼、红线光管鱼、玻璃霓虹灯鱼。

科　　属：脂鲤科。

体　　长：3～4厘米。

分　　布：南美洲的亚马孙河流域、哥伦比亚等。

鱼体特征：长纺锤形，侧扁，大眼。背鳍较高，呈三角状，上饰红色细纹，臀鳍窄长，尾鳍叉形。此鱼体色以浅黄铜色为主，背部体色较深，渐渐向腹部淡化为白色。体侧两边各有一条红色线条，由头至尾。背鳍上有一红色花纹，其余各鳍无色透明，眼虹膜红色。

雌雄鉴别：雌雄鱼差别明显，雄鱼体形较瘦长，体色比雌鱼鲜亮；雌鱼腹部比雄鱼丰满。

饲养要求：适宜水温22～27℃。此鱼各种饵料均可投喂，但喜食鱼虫、水蚯蚓等活饵。玻璃灯鱼性情温和，故可以与小型品种的热带鱼混养。

注意事项：玻璃灯鱼对饲养条件要求不严。生活水质为弱酸性软水，水体中种植水草，水底铺设不含石灰质的细沙，光照时间要长，不宜经常过量换水。

繁殖方法：玻璃灯鱼属卵生鱼类，繁殖时宜挑选体大者为亲鱼。繁殖用水宜为雨水或蒸馏水，水温控制在26～28℃，水体中种植水草以供附卵。配对亲鱼在适应繁殖水体后，雄鱼开始追逐雌鱼，当双双旋转时，即为产卵征兆。

TIPS

古代鱼科热带鱼中龙鱼类品种喜偏酸或中性水质，不喜欢饲水被全部更换，要求水温保持在24～28℃。

三色玛丽鱼

别　　称：牡丹鱼、金鸳鸯。

科　　属：花鳉科。

体　　长：8厘米左右。

分　　布：中美洲。

鱼体特征：三色玛丽鱼的体形与珍珠玛丽鱼基本相似，但三色玛丽鱼小巧玲珑，是玛丽鱼家族中较为华丽的成员。它的背鳍为黄色，尾鳍为红色，有红的尾柄。体色有两种：一种是浅蓝色带少量深蓝色斑点，另一种为不带斑点的金黄色。在水族箱内假山石、绿色水草和灯光的映衬下，三色玛丽鱼以其独特的艳丽为玛丽鱼家族增色不少。

雌雄鉴别：雄鱼色彩艳丽、鲜明，三色俱全；雌鱼色彩远不如雄鱼那么悦目动人，背鳍、尾鳍均无色透明。

饲养要求：适宜水温22～26℃。此鱼食性杂，喜食水蚤、水蚯蚓、红虫，也爱吃人工合成饵料。此鱼活泼好动，可与适宜水质相近的小型品种的热带鱼混养。

注意事项：三色玛丽鱼容易饲养，喜在含盐分、水体硬度在8度以上、pH值7.0～7.6的微碱性至中性水中生活。三色玛丽鱼喜欢较强的光线。在光线充足、饲养条件得当的情况下，其繁殖能力强，每尾雌鱼一次可产仔鱼百余尾。

TIPS

卵生鳉科热带鱼饲养难度较大，对水质要求极高，喜欢生活在水温22～24℃、硬度在8以下的弱酸性软水中，产卵和孵化的最佳水温为24～25℃。

红裙鱼

别　　称：半身红、红裙子鱼、灯火鱼。

科　　属：脂鲤科。

体　　长：4厘米左右。

分　　布：南美洲的巴西。

鱼体特征：鱼体前半部较宽，后半部突然变窄，好像缺了一块。体呈半透明状，前半身绿褐色（繁殖期间变为淡红色），后半身为红色，腹部银白色，各鳍为红色，尤其是臀鳍宽大，其红色特别鲜艳。

雌雄鉴别：雄鱼体小色艳，臀鳍边缘黑色；雌鱼臀鳍边缘灰色，繁殖期腹部明显膨大。

饲养要求：适宜水温23～26℃。此鱼不挑食，鱼虫及人工饵料均可投喂。此鱼喜生活在水质为弱酸性的软水、水体中种植水草、四周安静的环境中。此鱼能耐21℃的低温，长期在低温中，则身体后半部的红色会淡化消失。

注意事项：红裙鱼性情温和，胆子小怕惊吓，爱群游于水族箱下层水域。

繁殖方法：红裙鱼属卵生鱼类，幼鱼经6个月生长性腺开始成熟。对繁殖用水要求不严，繁殖水温一般保持在26～27℃，水质为弱酸性软水，水底铺放头发丝草。于傍晚时将成熟的红裙鱼按雌雄2：1的比例放入繁殖水体中，保持四周安静，光线暗淡。一般于翌日黎明时雄鱼开始发情，产卵结束后捞出亲鱼另养。

鲶鱼科热带鱼对水质和饵料要求不严，其中有些品种以吃水族箱中的青苔为主，如清道夫鱼等。

澳洲彩虹

别　　称：澳洲虹鱼、彩虹鱼、虹银汉鱼、石美人。

科　　属：虹银汉鱼科。

体　　长：8～10厘米。

分　　布：澳大利亚。

鱼体特征：体外形呈棒槌形，尾鳍叉形，浅黄绿色，体侧有8条纵向条纹，鳃盖上有红色斑块，斑块周围金黄色。背鳍、臀鳍鲜红色，尾鳍淡红色。此鱼在阳光照耀下身体会发出如彩虹般的颜色。

雌雄鉴别：此鱼雌雄鉴别是观察体色与体形，雄鱼较雌鱼体色鲜艳，雌鱼性成熟时腹部较膨胀

饲养要求：饲养水温18～28℃，水质为弱碱性。喜食红虫、水蚯蚓、面包虫等动物性饵料。

繁殖方法：为卵生鱼类，幼鱼8月龄进入性成熟期。繁殖时要求水温26～28℃，水质硬度7～9，pH值为7～8.5。雌雄鱼以1：1比例放入繁殖缸，亲鱼入缸后从开始产卵到产卵结束需7～8天，产卵结束后应将亲鱼捞出另养。受精卵一般经过10天左右的时间便可孵化出仔鱼，应及时喂“洄水”，然后根据其生长情况改喂小型水蚤。

卵胎生成鱼，雄鱼的臀鳍在繁殖期会发育成棒状交接器，如孔雀鱼、月光鱼等，这是判断雌雄的明显标志。

匙吻鲟鱼

别　　称：美国匙吻鲟。

科　　属：匙吻鲟科。

体　　长：50～100厘米。

分　　布：美国密西西比河流域。

鱼体特征：匙吻鲟鱼属软骨鱼类，一般个体体重50千克左右，最大的重达60千克以上。吻长占体长的1/3，向前平展伸出似长长的匙柄。躯体流线型。鳞片已退化。眼睛很小。鳃盖上有梅花形凹陷的花纹。背鳍起点在腹鳍之后，臀鳍位于背鳍之后，尾鳍较大，叉形。全身背部为灰黑色，两侧为浅灰黑色，腹部为灰白色，各鳍均为灰黑色。

饲养要求：天然水域中的匙吻鲟鱼终生以浮游生物为食。在水族箱中饲养时，应喂食水生昆虫，饲养水温应控制在18～24℃。

繁殖方法：天然水域中的匙吻鲟鱼于每年3～6月间游向河流上游繁殖。性腺成熟时雌鱼个体大于雄鱼，腹部膨大松软，泄殖孔红肿。人工繁殖选择15～20千克的匙吻鲟鱼为亲鱼，向鱼体注射激素进行人工催产，然后放入经过消毒的池中，控制水温在18～20℃，亲鱼发情后进行采卵、授精，然后将受精卵放入孵化器内，孵化期5～6天，具体孵出时间受水温的制约。刚孵出的仔鱼经2～3天后开食。

热带鱼是著名的观赏鱼类，由于其分布于热带和靠近热带、亚热带以及与热带交界地区的温带水域，故被称之为热带鱼。

珍珠马三甲

别　　称： 马三甲鱼、珍珠鱼。

科　　属： 攀鲈科。

体　　长： 10～13厘米。

分　　布： 东南亚的马来半岛、泰国等。

鱼体特征： 体呈椭圆形，侧扁。体表基调色为褐色，上面布满珍珠状灰色斑点，从吻端经眼睛直至尾基部，有一条锯齿形的黑色斑纹，末端有一黑圆点。背鳍高而长，飘向后方，上面也有珍珠斑点；胸鳍已演化成两根红色须状长丝；臀鳍与尾鳍相连，上面均布有珍珠状斑点；胸部为深橘红色。

雌雄鉴别： 珍珠马三甲鱼的雌雄鉴别并不难。雄鱼的背鳍、臀鳍尖长，雌鱼的钝圆；发情期雄鱼头部、腹部呈现出橙红色的婚姻色，雌鱼则无；雄鱼体狭长，体色较雌鱼艳丽。

饲养要求： 适宜水温为24～27℃，喜在上层水域活动觅食。活饵、干饵均食，喜食小型活饵。

繁殖方法： 珍珠马三甲鱼属泡沫卵生鱼类，和蓝星鱼繁殖方法相同。珍珠马三甲鱼的繁殖缸要大一些，里面要放一些浮性水草，以便雄鱼吐泡筑巢。繁殖水温控制在26～28℃。将雌雄亲鱼按1：1的比例配对入缸，一般2～3天内雄鱼开始吐泡筑巢，然后追逐雌鱼，引诱其到巢下产卵受精。产完卵即可将雌鱼捞出，由雄鱼单独护卵。

对于刚买回家的观赏鱼切不可将其连同袋中的水一起倒入老鱼缸中，这是因为塑料袋中的水温与家中鱼缸中的水温不同，会使新鱼、老鱼都患上“感冒”等病症，严重的话，新鱼、老鱼都会由此而丧命。

针嘴鱼

别　　称：奇齿针鱼、小火箭鱼。

科　　属：鱵科。

体　　长：25～30厘米。

分　　布：亚洲南部的热带和亚热带地区，马来西亚、泰国、印度和斯里兰卡比较多见。

鱼体特征：此鱼体细而修长，侧扁，腹缘和躯干近于平直，相互平行。头长，额顶部平扁。口吻部分特别突出，从前颌骨及下颌处延长形成一既细又长的尖尖的喙。口大且长，呈水平状，两额内呈带状排列着尖锐的细齿。额内呈带状排列着尖锐的细齿。背鳍向后拖伸很长，直伸至身体后方，和臀鳍对称；腹鳍、胸鳍都较小；尾鳍微凹。鳞片细而小，身体的背部为翠绿色，体侧下部及腹部为银白色。

饲养要求：适宜水温为23～26℃，喜食小鱼、红虫等活饵。

注意事项：针嘴鱼性情凶猛，为肉食性动物，不宜和其他鱼混合饲养。由于其原栖息场所为半咸的水域，故饲养时应在水中掺入少许食盐，其浓度为20升水中加入20克食盐。适宜弱碱性水质，最适水温为23～26℃。针嘴鱼善于跳跃，为防止其跳出水族箱，水族箱上要加盖。

热带鱼品种繁多，生殖方式各异，繁殖前的准备工作包括繁殖缸的准备、产卵巢的准备、繁殖用水的准备。

叶形鱼

别　　称：橘叶鱼、树叶鱼、叶鱼、枯叶鲽、多棘叶形鲈鱼。

科　　属：叶鲈科。

体　　长：8～10厘米。

分　　布：南美洲亚马孙河流域。

鱼体特征：体高，侧扁，酷似一张树叶。头部尖，嘴大，下颌突出，有一硬触须。背鳍、臀鳍基部长至尾柄。胸鳍小，腹鳍位于胸鳍稍前部位。尾柄短小，尾鳍圆形。体色随环境光线而变，有绿色，也有橘黄色。这种鱼不但颜色与树叶相似，而且体形也与树叶相差无几。尤其是将其捞出水面时，叶形鱼躺在鱼网上一动也不动，好像真是树叶。

雌雄鉴别：成熟雄鱼的各鳍比成熟雌鱼的要略长，成熟雌鱼的腹部要比成熟雄鱼的稍膨大。发情时雄鱼追逐雌鱼。

饲养要求：此鱼饲养水最适水温25～28℃，喜微酸性的软水。爱吃活食，特别爱吃活鱼。

注意事项：叶形鱼为卵生。发情时可将一对鱼放入繁殖缸内。缸内事先放入石块或阔叶草。控制水温在26℃左右，水质pH值6～6.5，硬度3～4。雌鱼怀卵量不多，一般每次可产卵150粒左右，卵具黏性，粘在石块或草叶上。产卵完毕后，应将雌鱼捞出另行喂养，留下雄鱼护卵。受精卵约经48小时孵化，仔鱼在孵化后的第二天能自由游动并觅食。

观赏鱼体色的变化可以表达鱼的喜怒哀乐，而正是由于其体色的变化使得观赏鱼更具观赏性。比如，鱼在觅食兴奋时，体色会变得异常鲜艳。当鱼受到惊吓时，体色暗淡、发黑或发白。当鱼发育到求偶期，雄鱼的体色会变得非常艳丽。

第四章 海水鱼

大帆倒鲷鱼

科　　属：粗皮鲷科

鱼体形态：此鱼头尖，鱼体呈椭圆形，背鳍和臀鳍较宽大。

体　　色：体表有珍珠状斑点分布，尾鳍黄色，体色以棕灰为主。

体　　长：30～35厘米。

饲养水温、海水密度：26～28℃，1.022。

饵　　料：以浮游动物或藻类植物为主食，也可摄食人工饵料。

分　　布：印度洋和太平洋海域。

蓝倒鲷鱼

科　　属：粗皮鲷科

鱼体形态：鱼体呈椭圆形。

体　　色：尾鳍为橙黄色，从眼部开始沿背部到尾柄处有一条黑色带纹，胸鳍到尾柄处也有一条黑色带纹。

体　　长：20～26厘米。

饲养水温、海水密度：27℃，1.022。

饵　　料：以浮游动物或藻类植物为主，也可摄食人工饵料。

分　　布：印度洋和太平洋海域。

TIPS

海水观赏鱼主要是指生活在热带和亚热带海洋珊瑚礁区域、色彩艳丽、姿态文雅的鱼类。它们品种繁多，颜色美丽，形状怪异，观赏价值极高，是近10多年来新兴的、具有良好发展前途的观赏鱼类。

人字蝶鱼

科　　属：蝶鱼科。

鱼体形态：鱼体呈扁圆形，头小，嘴尖。自鳃盖后缘起有两排浅棕色呈斜角的“人”字形带纹。

体　　色：鱼体前半部为银白色，鱼体的后半部为鲜黄色。

体　　长：15~18厘米。

饲养水温、海水密度：27℃，1.022。

饵　　料：以浮游动物为主。

分　　布：印度洋和太平洋海域，我国南海海域也有分布。

月光蝶鱼

科　　属：蝶鱼科。

鱼体形态：此鱼头部小而嘴端尖。

体　　色：体色灰黄，鱼体下半身有数条平行的浅蓝色花纹，尾柄处有红斑。

体　　长：15~20厘米。

饲养水温、海水密度：27℃，1.022。

饵　　料：以藻类植物和无脊椎动物为主，也可摄食人工配合颗粒饵料或冷冻食品。

分　　布：印度洋和太平洋礁岩海域。

海水观赏鱼生长环境特殊，大多在热带的礁岩海域，其生活习性与淡水鱼类迥然不同，饲养难度较大，需要饲养者不断实践，以便摸清各个品种鱼的习性和喜好。

月眉蝶鱼

科　　属：蝶鱼科。

鱼体形态：此鱼头小，嘴尖，背鳍、臀鳍宽大。

体　　色：体色主要为黄色，身体上半部为浅褐色，眼部有黑带，紧临其后有一条白色带纹。

体　　长：15~20厘米。

饲养水温、海水密度：27℃，1.022。

饵　　料：以藻类植物和浮游动物为主。

分　　布：印度洋和太平洋礁岩海域。

八线蝶鱼

科　　属：蝶鱼科。

鱼体形态：鱼体呈卵圆形，头小，嘴尖。

体　　色：体表银白色，略带浅黄色，体侧有8条黑色纵纹贯穿全身，腹鳍黄色，背鳍和臀鳍有黑边。

体　　长：10~13厘米。

饲养水温、海水密度：27℃，1.022。

饵　　料：以甲壳类动物为主。

分　　布：印度洋和西太平洋礁岩海域，我国南海海域也有分布。

选择海水观赏鱼是饲养者的一件极为重要的工作，应该从以下几个方面去选择：选健康的鱼；选幼鱼期的鱼；选活泼灵敏、行动迅速的鱼；选鱼体完整、无损伤的鱼；选食欲旺盛的鱼；选体形俊俏、体色绚丽多彩的鱼。

箭蝶鱼

科　　属：蝶鱼科。

鱼体形态：鱼体呈椭圆形，头尖，背鳍和臀鳍宽大。

体　　色：体色银白，体表自鳃盖后缘到尾间有数条平行波浪状蓝色斜纹，由大到小布满全身。

体　　长：12～15厘米。

饲养水温、海水密度：27℃，1.022。

饵　　料：以甲壳类动物为主

分　　布：印度洋和太平洋礁岩海域，我国南海海域也有分布。

棘蝶神仙鱼

科　　属：棘蝶鱼科。

鱼体形态：鱼体呈椭圆形，嘴小。

体　　色：体色金黄，嘴为银白色，背鳍布满蓝色花纹，边缘黄色，臀鳍深蓝色，并有黑色花纹

体　　长：30～35厘米。

饲养水温、海水密度：27℃，1.022。

饵　　料：以藻类植物和无脊椎动物为主，也可摄食人工配合饵料。

分　　布：印度洋和太平洋海域，我国南海海域也有分布。

海水观赏鱼的饲养过程中需对哪些方面留心观察：食欲观察、夜间观察、恐惧感观察、粪便观察。

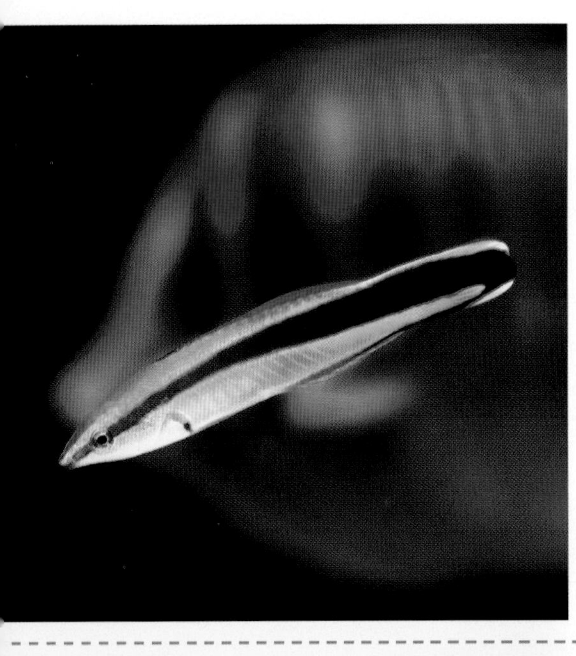

真飘飘鱼

科　　属：隆头鱼科。

鱼体形态：鱼体狭长。

体　　色：体表自头部到尾部有一条宽大的黑带贯穿全身。

体　　长：8~10厘米。

饲养水温、海水密度：27℃，1.022。

饵　　料：以鱼类体表附生的寄生虫及浮游生物为主，也可摄食人工配合颗粒饵料。

分　　布：印度洋和太平洋礁岩海域，我国南海海域也有分布。

五彩鳗鱼

科　　属：鲟科

鱼体形态：鱼体狭长似蛇，头尖，尾长。

体　　色：体色湛蓝，并有黑斑，头部黄色。

体　　长：8~10厘米。

饲养水温、海水密度：27℃，1.022。

饵　　料：以小鱼、小虾等动物性饵料为主。

分　　布：太平洋中西部礁岩海域沙底洞穴中。

TIPS

饲养海水观赏鱼需配置哪些设备：抽水设备、过滤设备、消毒设备、加温设备、冷却设备、充氧设备。

银鳞鳗鱼

科　　属：鳟科。

鱼体形态：鱼体圆形狭长，头小，嘴尖，尾部尖长。

体　　色：体表为银白色，并缀满黑色或黄色斑点。

体　　长：60～70厘米。

饲养水温、海水密度：24～26℃，1.023。

饵　　料：以浮游动物和鱼、虾为主。

分　　布：太平洋礁岩海域底层，我国南海海域也有分布。

红小丑鱼

科　　属：雀鲷科。

鱼体形态：鱼体呈椭圆形，背鳍前端低矮，但后端钝圆而宽大。

体　　色：眼睛后缘有一条银白或浅蓝色带环绕。

体　　长：10～12厘米。

饲养水温、海水密度：27℃，1.022。

饵　　料：以藻类植物或浮游动物为主，也可摄食人工配合颗粒饵料。

分　　布：太平洋和印度洋礁岩海域，我国南海海域也较多见。

由于海水观赏鱼是生活在流动的活水中的，习惯在海水潮起潮落的环境中经受水流的冲击，所以在水族箱中饲养海水观赏鱼，应设法使水族箱中的水也能作些流动甚至是比较湍急的流动。

黑双带小丑鱼

科　　属：雀鲷科。

鱼体形态：鱼体呈椭圆形，背鳍前部低矮，后部宽大。

体　　色：体表黑褐色，嘴部浅黄色，胸鳍和臀鳍前端各有一条银白色带环绕身体。

体　　长：8~10厘米。

饲养水温、海水密度：26～28℃，1.022。

饵　　料：以藻类植物和浮游动物为主。

分　　布：印度洋中西部礁岩海域。

鞍背小丑鱼

科　　属：雀鲷科。

鱼体形态：身材小巧，泳姿摇摆奇特。

体　　色：鱼体黑褐色，头部和下额黄色，眼部后缘有一条银白色带，背部中央有一块银白色斑。尾鳍镶有白边。

体　　长：8~10厘米。

饲养水温、海水密度：27℃，1.022。

饵　　料：以藻类植物和浮游动物为主。

分　　布：印度洋和西太平洋珊瑚礁海域等地。

TIPS

在动物性饵料中，作为海水鱼饵料的品种较多，是比较容易得到的，海洋中的水蚤、水蚯蚓、血虫、孑孓等都可喂饲，其他非海洋中生长的动物性饵料如鱼苗、小杂鱼、小虾、鸡心、牛心、牛肉及冰冻的鱼虾，也是很适宜的。

的时间可以按饲养者的方便随意制定，但要相对固定。对于上班族来讲，可以每天早晨起床开灯，临走时关灯；晚上下班回家再开灯，临睡前再关灯，只要每天保证7小时左右的光照就行。

怎样欣赏观赏鱼？

（1）热带鱼

热带鱼之所以深受人们的喜爱和赏识，是因为其品种繁多，难以计数；体形差异，各个相异；体色复杂，千变万化；游姿优美，难以描述。有的体形婀娜多姿，仪态万千；有的色彩缤纷夺目，鲜艳绚丽；有的图纹斑斑点点，变幻无穷；有的成群游戈，欢畅活跃；有的成双成对，形影不离；有的飘飘逸逸，犹若仙女飞天；有的体表红绿相间，灿若云霞；有的游姿款款，酷似美女漫舞；有的凶猛好斗，战死方休。真是美姿千种，娇态万端，令人目不暇接，沉醉惘迷。

在美不胜收的热带鱼的观赏方面，养鱼前辈还总结出了两种观赏的方法：单一品种的观赏和多品种混养的观赏。

①单一品种的观赏 这种方式多适用于对喜欢在中层水域活动的鱼的观赏。

所谓单一品种的观赏，是一个水族箱只养一个品种的鱼。大型热带鱼体长20～30厘米，最长的可达100厘米，这种鱼，一个水族箱只放养1～2尾；中型鱼每箱可放养4～8尾，小型鱼每箱可放养数十至上百尾。大、中、小型的鱼，其身姿、体色和游姿各有特色，各有美妙之处，至于究竟哪种鱼最富观赏性，各人的爱好不同，很难划一。

但有些品种的热带鱼几乎人人喜爱，例如，被誉为天使的神仙鱼，体形小巧，玲珑敏捷，体色优美而高雅，游姿像仙女起舞，动时潇洒自如，静时仪态万千，显得超凡脱俗，观赏者无不点首赞誉，被冠以“皇后鱼”之美称。又如小丽鱼和珍珠玛丽鱼，全身似披珠挂宝，闪烁着珠光宝气，雍容华贵，体表像钻石放光，璀璨耀眼。还有那奇妙的接吻鱼，常常亲吻不辍，令人捧腹大笑，击掌称奇。

善于观赏的人们，总能根据自己的爱好和兴趣，选购和饲养几个逗人喜爱的品种，并在水族箱中置起凹凸有致的小假山，箱底铺上沙石，摆上几种小摆设，投入几株半浮于水中的水草，不时凝神观赏，确实可以使心情放松，百愁俱消，充分领略到生活的乐趣。

②多品种混养的观赏 多品种的热带鱼混养，必须经过一个摸索过程。有些品种的鱼混养，可以收到较好的效果，而另外一些品种鱼的混养，则观赏效果不佳。特别是有些鱼混养在一起，不仅观赏效果不好，甚至会出现大鱼吃小鱼或小鱼咬大鱼的现象。所以，要经过一番试养之后，才能确定哪几种鱼混养的组合不好，哪几种鱼混养的组合适宜，观赏效果好。

各种热带鱼的习性各不相同，有的喜爱游动，有的喜欢静止；有的性情温顺，有的凶猛好斗；有的懦弱畏怯，有的顽皮活泼。在体色方面，有的淡雅清新，有的鲜艳浓烈；有的斑点分配适当，有的色彩协调迷人。因而在混养中需要注意合理搭配，并要掌握以下几个要点：一是，混养鱼能和睦相处；二是，几种鱼的形态和体色要协调和谐，看上去顺眼；三是，大鱼和小鱼尽量不要在一起混养；四是，在繁殖生育期的鱼不可放入混养；五是，习性强烈抵触的不可混养；六是，对水质的要求差距太大的不能混养。

换一种说法，也就是鱼的个体大小相差不多的能混养；习性近似的可以混养；放养在一起时，体色和谐协调，看上去比较顺眼的可以混养。

此外，在体色的搭配上，宜选择一种体色作为基调的鱼种，其他各种体色的鱼种作为配色，使各种体色的鱼种混在一起时，能映衬出基调鱼种的体色，具有突出的迷人魅力，以收到非凡的观赏效果。在混养搭配中，一般应照顾到体形上有长有短，有圆有扁，体色上有纯色有杂色，图案上有条纹有点状或斑块；游弋方面有喜单个漫游的，有喜群游的；层次方面，有在中层巡游的，也有少数在上层和底层的。但在数量上都宜少而精，不宜多。这样，各种鱼在不同层次中嬉游时，才能相互映衬，构成一幅多姿多彩的立体画面，让人尽情欣赏。

（2）金鱼

金鱼的品种繁多，容姿各异。作为观赏金鱼，形态上要求体形短圆，左右对称，品种特征明显，鳞片整齐无损伤残缺。色泽上，单色鱼要求色纯无瑕斑，双色鱼色块相间要杂而不乱；五花金鱼，要求通体蓝底色并配有其他多种鲜艳色泽，鳞光醒目。姿态上，其游姿应轻柔，尾鳍轻摇，起落稳重平直，停止时尾鳍下垂，平稳优雅。

金鱼在不同环境下的观赏效果是不同的。色艳红斑斓的金鱼，宜置于景物低矮的鱼缸中；色浅而素雅的金鱼，则应置于背景深邃、光照良好的环境中；体宽大、鳍舒展、尾下垂的金鱼，置于大型的鱼缸中则要能显示其英俊华丽。

（3）锦鲤

色彩上要求色泽光润、浓厚、纯正，图案边缘清晰、质感好，鱼体花纹分布要对称、平衡、位置适中。锦鲤具有独特的魅力，其艳丽晶莹的体色、潇洒优美的游姿、雄健英武的躯体，受到人们的青睐。锦鲤是一种大型观赏鱼，体长可达1米，体重可达10千克，适宜在大型水族箱或庭院水池中饲养。

观赏鱼的体色为何如此丰富多彩?

观赏鱼之所以深受人们的喜爱，不仅是因为其品种繁多，游姿优美，最主要的是由于它们体色复杂，千变万化，有的色彩缤纷夺目，鲜艳绚丽；有的图纹斑斑点点；有的体表红绿相间，灿若云霞。尤其是生活在热带海洋珊瑚礁中的鱼类，其体色异常美丽，散发着珠光宝气，雍容华贵。观赏鱼如此体色多变，或受不同生长阶段的影响，或受光线明暗的影响，或受环境颜色的影响，如有的鱼类，到了繁殖季节，其体色会发生较大变化，变得比平时更加美丽动人，我们将这种变色称之为“婚姻色” 。尤其是雄性个体，此时的体色会显得更加艳丽，特别惹人喜爱。

是什么原因使得观赏鱼体色如此丰富多彩、千变万化呢？其变化机理又如何呢？

科学研究发现，这是由于观赏鱼在其真皮或鳞片上具有许多色素细胞，如黑色素细胞、红色素细胞、黄色素细胞和光彩细胞。其中光彩细胞又称反光细胞，它是一种白色的结晶体，在光线的照射下，具有强烈的反光作用，鱼体上的白色或金属般的银色都是反光细胞作用的结果。色素细胞的不同组合形式，能形成多种颜色，如黑色素细胞和一层光彩细胞组合，会呈现出蓝色，当黑色素细胞和黄色素细胞相结合时就会变为绿色，也就是说，鱼体的色彩斑纹都是色素细胞不同组合的结果。但鱼体的色彩也不是固定不变的，会因为环境的变化、年龄的大小、性别的不同、是否处于繁殖期及健康状况等因素而发生变化，如金鱼的体色变化是由其皮层中所含的黑色素细胞、橘黄色素细胞和蓝色反光层组织的色素增减而显现出来的，这些色素及反光层，可在金鱼的各个发育阶段中有的加深，有的保留或淡化，有的甚至消失。

观赏鱼能否看到周围的物体？

回答是肯定的，鱼儿是有视觉功能的。

通常情况下，我们看到鱼的眼睛总是睁着的，而且呆呆地一眨也不眨，于是有人怀疑这圆鼓鼓的眼睛是不是摆设。殊不知，绝大多数观赏鱼的眼睛是不能闭合的，它们的视距很短，晶体呈圆球形，缺乏弹性。鱼是近视眼，只能看清1米以内的物体。养过观赏鱼的人都有这样的体验：当鱼儿喂熟悉了以后，主人只要一走近，它们就会摇头摆尾地聚集过来，它们大多数是通过颜色和动作来辨别主人的。

观赏鱼的听觉如何？

观赏鱼和其他鱼类一样是有听觉的。它也有耳朵，不过耳朵不像高级动物那样露在外面，它没有耳膜和对外开口，只有一个深藏在头骨里的内耳，耳内有听斑，能听到16～1 300赫兹的声音，而且耳石可以调节身体平衡，感觉到气压的变化和声波的震动。

鱼类的听觉灵敏度极高，它接收声波信号的速度要比接收视觉、嗅觉信号更快。在能见度很差的情况下，如水体浑浊或夜间，鱼的听觉最能发挥作用，它的听觉范围要比人大的多。据实验，当一群飞鸟从几十米的高空掠过时，或从百米以外传来敌害的声波信息时，鱼能够立即采取应急措施和对策，或潜入水底，或远远逃遁。

更能说明鱼的听觉灵敏的事实是：当鱼爱吃的很细小的动物在不远处活动时，尽管声音非常小，鱼也能听得见，它可以追寻声音，去捕食这些小动物。

观赏鱼是如何感知周围的?

观赏鱼是靠什么在水族箱中自由游弋，在眼睛看不到玻璃的情况下而不碰撞到玻璃的呢？更有人要问，生活在深水中的观赏鱼，没有光线，它们又是靠什么来避免撞到其他物体的呢？鱼儿是怎样辨别方向？怎样寻觅食物的呢？

其实，观赏鱼和其他鱼类一样，靠的是一种特殊的皮肤感受器——侧线的触觉作用。鱼的侧线和触须是触觉器官，这也是鱼的第二听觉。侧线在鱼的两侧，由一串小黑点连接而成，是贯通头尾的一条虚线。构成侧线的各鳞片中央小孔（即黑点）在皮下有横沟相通，里面分布着神经末梢，成为鱼的另一种重要感觉器官，它的主要功能是感受到水波的振动频率。当鱼儿侧线神经感受到水波的压力时，把信息传至大脑，通过中枢神经系统的分析、综合，可以正确判断水波的方向、距离及强度，从而辨别出障碍物、掠食者或食物。这就是鱼儿不会撞到玻璃上的原因。

常年生活在水中的鱼，就是靠自身的侧线进行游动、栖息、捕食、御敌及与同伴保持联系的。

观赏鱼能分辨出食物的滋味吗?

养过观赏鱼的人一定都看到过馋嘴的鱼儿将吞进去的劣质食物又吐出来的情景。还有，许多有经验的钓鱼者通过多种试验证明，鱼是有味觉的，是可以分辨出食物的滋味的，他们用不同味道的钓饵可以钓获不同品种的鱼儿就是实例。

鱼不仅可以通过口腔辨别出食物的味道，而且可以通过身体的其他部位来感觉

味道。鱼的味蕾和人的味蕾生长的部位不同，人的味蕾只限在舌及颚的部位，而鱼的味蕾却是生长在鱼的口、唇、咽喉、鳃部和吻部等处的表皮中，在牙齿中间、口腔内外及触须上都有，有些鱼甚至在鳍上也有味蕾。因此鱼类不像人或其他陆生动物那样，非得用舌直接接触某种物质才能辨出味道，鱼只要接近或接触食物，不用张口，就可以感受到食物的滋味。

观赏鱼的嗅觉灵敏吗?

观赏鱼和其他鱼类一样嗅觉比较灵敏，有很多鱼，相距很远就能嗅出它所喜欢的饵料。不仅如此，鱼还能嗅出来自水中的敌害，及时逃避。所以，嗅觉对鱼类的生活和繁衍有着十分重要的作用。当然，不同的鱼嗅觉灵敏度并不相同。

鱼的嗅觉器官是鼻子，有2对，其下方是鼻囊，当鱼在水中生活时，水从前鼻孔进入，从后鼻孔排出。有些软骨鱼类，只在头部侧面有1对鼻孔，但嗅觉并不差。鱼的嗅觉和水流有密切的关系，水流对鱼类感受物体的气味有重要的影响。一些靠嗅觉去感知食物所在的鱼类，常常是借助于水流快速进出鼻孔而感知的，想要掠食的鱼，大都逆流游水，因为只有这样才能通过水流嗅出前方是否有食物可觅。

科学家经试验获知，鱼的嗅觉与视觉有一定的互补作用。将几种鱼的鼻孔堵塞起来再放入水中喂食，结果发现大多数鱼在失去嗅觉的情况下仍然能够吃到食物，这就说明在失去嗅觉的情况下，还可以依靠视觉去接近并吃到食物。

观赏鱼是如何表达感情的?

观赏鱼既不会讲话，也没有什么面部表情，但它们可以通过体色和形体语言来表达感情。

观赏鱼体色的变化可以表达鱼的喜怒哀乐，而正是由于其体色的变化使得观赏鱼更具观赏性。比如，鱼在觅食兴奋时，体色会变得异常鲜艳，特别是红色的鱼。而当鱼受到惊吓或身体不适时，体色暗淡、发黑或发白，如黑裙鱼在受到惊恐时，黑色就会变得很淡。当鱼发育到求偶期时，雄鱼的体色会变得非常艳丽，如发情期的玫瑰鲫，雄鱼体色由红变紫，闪闪发光；还有，澳洲彩虹鱼一旦进入性成熟期，雄鱼较雌鱼体色鲜艳。不管怎样变，此时是观赏鱼的最佳观赏时期。

观赏鱼的形体语言更是生动。当鱼大幅度地摇头摆尾时则表示兴奋；如鱼的背鳍突然竖起、加快呼吸，则表示鱼在愤怒；当鱼的各鳍收缩、小幅度摆动时，则表示害怕或身体不适；当鱼在求偶时，雄鱼大都会抖动各鳍“跳舞”，与其他雄鱼相互比试，或在雌鱼面前炫耀，别有一番情趣。其实鱼的品种不同，表达感情的方式也各不相同。如泰国斗鱼以好斗而闻名，正常情况下，两尾雄鱼相遇，必有一番争斗，相斗时双方鼓起鳃盖，抖动诸鳍，伺机攻击对方，直到把对方美丽的鳍咬破为止。再如，两尾接吻鱼相遇时，便将其大嘴张大对撞，嘴对嘴一动不动地“接吻”，有时长达几分钟，这是鱼类很少有的行为。不过据专家研究，它们接吻并非亲昵而是吵架，是为了领地之争。只是这种领地之争的方式，在人类看来十分文明，颇有君子风范。

观赏鱼对人表达感情更是常见，长时间喂养观赏鱼的主人会发现，每当你走近水族箱，鱼儿会一起摇头摆尾地向你游来，而没有给鱼儿长时间喂饵、料理的人走近水族箱时则没有这种反应。

总之，只要你静下心来，倾听鱼儿对你的“诉说”，你会惊喜地发现，鱼儿会用它特有的方式向你表达感情。

观赏鱼的生活习性如何?

在水族馆欣赏观赏鱼的时候，总有人要问：生活在水族箱里的观赏鱼，它们整天游来游去，好像在不停地寻找食物，不知道它们睡不睡觉?

其实，观赏鱼的生活习性同其他鱼类一样，有昼行和夜行之分。大部分观赏鱼白天活动、觅食，夜间休息睡觉，属昼行性；而

属夜行性的观赏鱼，如鲶鱼科中大部分品种的鱼，整个夜间都很活跃，白天则休息，因此又称这些鱼为夜间活动型鱼类。通常，夜间活动的观赏鱼眼睛明亮，行动诡秘，喜单独活动，白天看不到它们的身影。注意观察的饲养者可以发现，投入的食物饵料从来没有看到它们是如何吃的，但第二天就消失了。夜间活动型的观赏鱼，也可以通过长期的饲养和驯化而将其生活习性变为白天活动型，但总不如白天活动型的观赏鱼那样活跃，饲养环境及光线也要暗些。

在一个定时投饵、开灯、关灯，甚至连换水都非常有规律的水族箱中，观赏鱼的生活习惯也是很有规律的，即使偶尔有一天晚开灯或晚关灯，鱼同样会按自己的生物钟来活动或休息。仔细观察可以发现，鱼通常是伏在缸底、隐蔽草丛中休息，只要有足够的位置供鱼栖息，鱼就会相安无事。

写此题的另一个目的是，告诉初养观赏鱼者，要尽量让鱼儿生活有规律。如一旦关灯休息，就不要再开灯惊扰它们，否则会扰乱它们的生物钟，引起它们紧张不安，不利于它们的生长和发育。

衡量观赏鱼身体各部位大小的指标有哪些?

衡量一尾观赏鱼的价值，通常与其体长、全长及身体其他各部位的尺寸有直接的关系。因此，掌握鱼体测量方法对衡量观赏鱼的价值、生产科研及出口贸易具有重要的意义。根据观赏鱼的特点，现将其身体各部位尺寸及体重的测量方法介绍如下：

（1）体尺测量

全长： 指从吻端到尾鳍末端的最大长度。

标准体长： 从吻端到尾鳍基部的直线长度，也就是全长减去尾鳍的长度。

体高： 多指从背鳍基部到腹鳍基部的最大垂直高度。

头长： 从吻端至鳃盖骨后缘的长度。

吻长：从吻端到眼眶前缘的直线长度。

眼径：眼眶的直径，包括瞳孔周围发亮的地方。

尾柄长：从臀鳍基部后端到尾鳍基部的垂直线长度。

尾柄高：尾鳍的鳍背根下部到上部的高度。

尾鳍长：从尾柄末端到尾鳍基部的长度。

背鳍长：指背鳍最长鳍条的直线长度。

胸鳍长：指胸鳍最长鳍条的直线长度。

腹鳍长：指腹鳍最长鳍条的直线长度。

臀鳍长：指臀鳍最长鳍条的直线长度。

（2）体重测量

通常采用带水法称量鱼的体重。即将鱼放入盛有水的容器中先进行称量，再将鱼捞出，用总重量减去容器和水的重量便是鱼的重量，这样做既可避免因直接称鱼而伤及鱼体，又能减小误差，准确度高。

观赏鱼生长发育的各个阶段有怎样的名称?

为了便于本书的描述和查阅，现将观赏鱼在不同生长发育阶段的名称介绍如下：

胚胎期 指从受精卵开始到孵化成鱼前的一段时间。

仔鱼 指刚从受精卵中孵化出的小鱼苗，到卵黄囊被吸收消失为止。

稚鱼（苗鱼） 仔鱼经过3～5周的精心管理，长至3厘米长的小鱼称稚鱼（苗鱼）。

幼鱼 苗鱼生长2个月以上、体长在3厘米以上的观赏鱼。此时身体发育基本成型，各鳍性状较明显，体色逐渐鲜明，只是性腺尚未发育成熟。

成鱼 幼鱼经过培养，性腺发育完全成熟，生殖季节出现第二性征。

当年鱼 指当年产卵孵化、经精心管理培养成的各种规格的鱼。

1龄鱼 指生长发育满1周年的鱼。

2龄鱼 指生长发育满2周年的鱼。依次类推3龄鱼、4龄鱼等等。

亲鱼 留作繁殖用的鱼。

鱼种 指经过精心挑选后，用于翌年生长发育的幼鱼。通常将经过越冬培育的幼鱼称之为鱼种。

种鱼 它与鱼种截然不同，但类似亲鱼的意义，种鱼也用于繁殖，但通常需要经过一段时间的培育才用于繁殖。

饲养观赏鱼中涉及的计量单位如何换算？

在饲养观赏鱼的过程中，常常需要了解计量单位的换算方法，现将最常遇见的单位标列如下：

质量：1吨（t）=1 000千克（kg）；

1千克（kg）=1 000克（g）；

1克（g）=1 000毫克（mg）；

1升（L）水=1千克（kg）水；

1立方米（m^3）水=1吨（t）水=1 000千克（kg）水；

浓度：10^{-6}（质量百万分之一浓度，以前写为ppm）。该指标适合表示极稀溶液的浓度，以及微量物质的含量。如1立方米（m^3）水中含1克（g）某种物质的浓度=1/1 000 000=10^{-6}；

1立方米（m^3）水中含6克（g）某种物质的浓度=6/1 000 000=6×10^{-6}；

体积：1立方米（m^3）=1 000升（L）；

1升（L）=1000毫升（ml）。

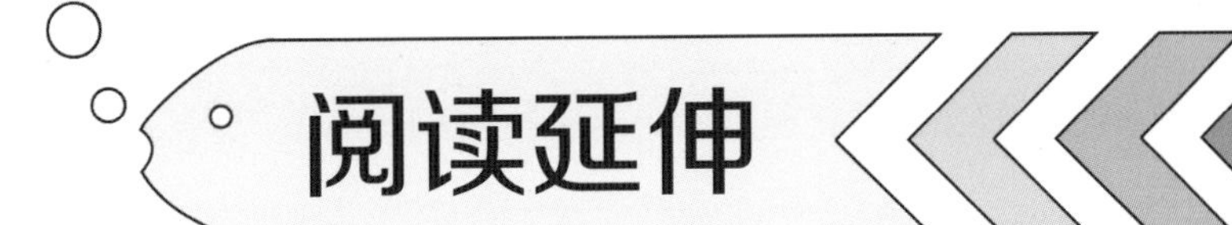

金鱼有怎样的习性？

和一般的鱼类相比，金鱼的性情比较温顺，这是金鱼的重要特点。从金鱼的喜好来说，金鱼喜阳光，爱生活在洁净的水中。由于性情温顺，金鱼从不争食，更不会相互排挤，遇到敌害时也不会反抗。

金鱼是变温动物，其体温随着外界的气温变化而变化。当外界的气温上升到30℃时，金鱼的体温也上升，这时鱼体新陈代谢活动旺盛，耗氧量很大，极可能因缺氧而死亡。当外界气温降到0℃时，金鱼的体温也回落，但体内的各种生物酶的活性并没有消失，所以不会像热带鱼那样死去。但最适于金鱼生长的环境温度为22～24℃，此时金鱼食欲旺盛，生长速度最快，新陈代谢加快，排泄物、耗氧量增多。金鱼在15～18℃的水温中，求饵适中，活动正常，水质保质期最长，是金鱼比较容易管理的温度。

金鱼的生长大多集中在1～2龄期间， 3～4龄金鱼生长则较缓慢，5龄以上的金鱼骨骼已经定型，长度上很难再增长。金鱼的寿命一般可达30年左右，不过，这也要看是什么品种。有些品种的金鱼，其生长特别迅速，但这种金鱼衰老的速度也快，寿命也就很短。

金鱼的性情非常温和，从不会发生大金鱼追袭小金鱼的现象，即使在产卵期间，雄鱼之间也不会争斗。但在此期间，雄鱼却会顽强地追逐雌鱼，甚至将小雌鱼追得疲惫不堪。金鱼有吃自己产的卵和刚孵化出的小鱼的习性，但对稍大一点的小鱼从不吞食。

金鱼喜集体成群活动，且喜欢接近人，见人就嬉戏耍水，向人讨食，喜食人们投喂的饵料。在鱼池中金鱼常常能随人们的手势和节拍有节奏地游来游去，所以，饲养者了解了金鱼的这一习性，很容易发现池中有哪一尾金鱼单独在水面或水

底缓缓游动，就可判断那尾金鱼可能身体不佳，仔细检查一下它否生病了，可提前进行药物预防。

光照与金鱼生长发育有什么关系?

适量的光照对金鱼的甲状腺分泌机能具有促进作用。金鱼长期饲于有光照的绿水中，体色特别鲜艳；幼鱼在转色过程中，要有足够的光照。此外，金鱼缸（池）中的水生藻类和水族箱内栽培的水草，在阳光下进行光合作用，并可吸收金鱼的排泄物作为自身的营养源，起到净化水体的作用。阳光中的紫外线还具有一定的杀菌作用。但光照也应该有度，过分强或过分弱的光照都不利于金鱼的生长发育，甚至会使金鱼患病。如有的饲养者把金鱼缸长期放置在室内阴暗的环境中，这样当然不利于金鱼的生长，会造成金鱼感觉迟钝，精神萎靡，缺乏食欲，内分泌紊乱；但给予光照过强过多，又会使金鱼体色暗淡，失去观赏性，还会造成金鱼过分活跃，使鱼身消瘦，停止生长。

一般在春秋两季，平常室内饲养的金鱼可于早饭后和晚饭前，经常将鱼缸移至有阳光处接受柔和的光线照射3～5小时；但夏天不宜受阳光直晒，只可接受间接光照；冬天只有在晴暖无风的天气才能将鱼缸放置在室内的玻璃窗下接受阳光，防止其受冻。

第二章

买鱼不上当，辨别健康鱼

观赏鱼为什么会生病?

观赏鱼生病不外乎是由内在因素和外在因素造成的。内在因素多是鱼体质较差，抗病能力弱，易受疾病侵害，这类鱼多是近亲杂交或营养不良的鱼。再就是鱼的免疫能力低下。通常病原微生物进入鱼体后被鱼类的吞噬细胞所吞噬，并吸引白细胞到受伤部位，一同吞噬病原微生物，表现出炎症反应。如果吞噬细胞和白细胞的吞噬能力难以阻挡病原微生物时，就会导致鱼儿生病。

外在因素则比较复杂。为维持观赏鱼的正常生理活动，要求有适合鱼生活的良好水环境，如水温、水的酸碱度超过了鱼的忍受范围，就会引起鱼体的生理紊乱，鱼就会得病，甚至死亡。具体有以下几点：

（1）水体恶化

如果水族箱内鱼养得太多，易导致生存的生态环境恶劣，再加上不及时换水，鱼的排泄物、分泌物过多，二氧化碳、氨、氮增多，微生物孳生，藻类浮游植物生长过多，都可使水质恶化，溶氧量降低，易引起致病菌大量繁殖，导致鱼病发生。

（2）水温不适

观赏鱼是水生动物，其体温随着水温的变化而变化。换水时如超过适应范围的上限或下限，以及水温短时间内多变，或长时期水温偏低，都会引起观赏鱼肌体抵抗力下降，病菌乘虚而入，引发鱼病。

（3）喂养不当

水族箱内的观赏鱼全靠人工投喂饲养，如果投喂不当，或饥或饱，时停时投；或投喂品种单一，营养成分不足，饵料中缺乏合理的蛋白质、维生素、微量元素等，都会引起鱼体质衰弱，发生疾病。特别是饵料中长期缺乏某种或多种营养物质，会引起鱼体畸形，造成代谢障碍，影响免疫系统，而引发鱼病。

（4）饲水pH值不适

观赏鱼对饲养用水的酸碱度有一定的适应范围，超过这个范围，鱼就容易生病。

（5）操作不当

主要指在捞鱼、倒缸、挤卵等各项操作中，因动作不够娴熟或不仔细，碰伤鱼体；或观赏鱼受惊、跳出落地，造成鳍条开裂、鳞片脱落。这样，病菌很容易从伤口侵入，引起伤口感染，使鱼患病。

（6）病原体侵害

一般常见的鱼病，多由病原体侵袭鱼体而引起，这些病原体包括：细菌、病毒、真菌、寄生虫、原虫动物等。病原体都是由外部带入养殖容器的。带入的途径很多，如从自然界中捞取活饵、采集水草，或购鱼、投喂时，由于消毒、清洁工作不彻底，都有可能带入病原体。另外，与有病的鱼使用同一工具，工具未经消毒处理，或者新购入的鱼未经隔离观察就放入水族箱中，都能导致重复感染或交叉感染，而引发鱼病。

如何预防观赏鱼生病?

观赏鱼生活在水中，它们的活动情形本来就不易被人们察觉，给诊断和治疗带来一定的困难。再说，观赏鱼体小，不适合肌肉或其他器官部位的注射，药物又不容易入口。因此，在饲养观赏鱼的过程中，要坚持“防重于治”的原则，做到无病先防、有病早治，注意既加强饲养管理，提高和增强鱼体的抗病能力，又积极消毒养鱼设备（包括饵料等），杜绝病菌孳生。

（1）加强饲养管理

观赏鱼生病大多数是由于饲养管理不当引起的。

首先要科学喂食，做到定时定量。这样可使观赏鱼养成一个正常的生活规律，有利于对饵料的消化、吸收，增加食欲，保持消化系统的正常生理功能。如果喂食时多时少，时早时迟，就会使鱼的消化功能减弱，消化机能发生紊乱，导致消化系统生病。投喂活饵时，须将活饵漂洗、过滤干净，或用高锰酸钾溶液消毒后再喂，以免将病原体带入饲养水体。腐败的饵料坚决不能投喂，否则鱼吃后会中毒或患肠炎。消灭病原体和寄生虫，也是预防观赏鱼患病的重要环节，所以一定要把好饵料投喂这一关。

加强水体环境的监测管理是十分必要的。水的硬度、酸碱度、温度、光照等，随着鱼体的新陈代谢作用，都在不断变化，要不断对其进行调整，创造一个良好的

水体条件，促进观赏鱼的健康成长。

其次要勤于观察。平时要注意对鱼的观察，随时了解鱼的健康状况，及时发现问题并采取有效的措施。投喂饵料期间是观察鱼健康状况的最佳时间，在喂食时可以发现哪些鱼食欲旺盛，哪些鱼有厌食的情况。一般说来，健康的鱼体色鲜艳光亮，游动敏捷，常在水的中、上层活动；生病的鱼常单独躲藏在水族箱的底层一角，离群活动，精神呆滞，食欲缺乏等。从粪便也可以观察到鱼的健康状况，粪便稀薄发白是患病的征兆，健康鱼的粪便应是黑色有光泽。发现有病鱼时，要及时捞出另养治疗，防止鱼病传染、蔓延。

第三要隔离病菌。观赏鱼的疾病主要是传染性疾病和寄生性疾病，因此及时消灭病原体是预防观赏鱼生病的有效方法。当发现有死鱼，要及时捞出扔掉，而发现病鱼时，要及时隔离治疗。对同一水体饲养的其他观赏鱼，应用药品进行鱼体消毒，原饲养水要彻底换掉，还要对饲养缸、内置物、使用的网具等彻底清洗、消毒。

（2）做好杀菌消毒工作

做好杀菌消毒工作，可以最大限度地杜绝病菌的侵入，使鱼健康生长，避免鱼病的发生。

首先要避免交叉感染。对水族箱进行操作前先要清洁双手，特别是病鱼水族箱中使用过的工具，未经消毒处理不得在健康鱼的水族箱中使用。消毒可采取日光曝晒，或沸水烫，或用1%的高锰酸钾溶液浸泡几分钟。最好是病鱼水族箱单独使用一套工具，不要混用。

其次要定期消毒。养鱼日常用的红虫兜子、捞鱼网、盆等工具，应经常曝晒、沸水烫或定期用高锰酸钾、食盐水、药物浸泡消毒，水族箱也要定期消毒。当然消毒工作做得再认真仔细，也难免会有病原体进入水族箱，因此还需要定期加入一定的防病药物，以防止鱼病的发生。

怎样诊断观赏鱼患病了？

观赏鱼是否患了病，要通过对鱼体的观察、检查和诊断才能得出结论。诊断鱼病的方法有：目测检验法、镜检法和组织培养法等。家庭养鱼最简便的方法是目测检验法。

一般观赏鱼得了病，都会在行动上和体色上有明显的异常表现，如病鱼呼吸加快、游动异常、体表充血、有白点或白膜等现象。进一步检查时将病鱼捞出，检查鱼的体表、鳃、鳞片、鳍等部位。必要时可抽样解剖鱼体，检查鱼的肝、胆、肠道等器官有无异常，是否有寄生虫及黏液、充血、发炎、腐烂等症状，为诊断提供依据。

（1）行为观察

一般病鱼常表现为离群缓游，当人走近水族箱时，鱼无动于衷，仍浮在水面吃水（又称叫水、浮头），当外界给予震动时才潜入水中，但不一会儿又浮于水面；有的呈昏睡状态，浮于水面或靠边角独处；有的鱼则游动急躁，动作失衡，旋转、倾斜、翻转、摇摆不定，或以身体擦碰池底、箱壁等。

（2）体色变化

病态鱼往往消瘦，原有的体色消褪，通体暗淡失去光彩。有的鱼皮肤发白、变乌，皮肤出现充血现象。

（3）皮肤检查

病鱼由于有充血现象，皮肤出现血红色，体表黏液增多，鳞片部分脱落，鳍叶开裂，有的鳞片竖起，并挂有其他异物。须仔细观察皮肤上有无红斑、白点及发炎症状，有无寄生虫寄生和损伤情况。

（4）鳃盖检查

轻轻挑起鳃盖，看看鳃丝的颜色是否鲜红（健康的鱼鳃鲜红），有无充血、发白或灰绿色、黏液增多现象，有无缺损、糜烂和其他病变，有无寄生虫寄生等。必要时，可剪一尾病鱼的鳃盖骨，用放大镜仔细检查。

（5）肠道检查

观察观赏鱼的排便是否有异常现象，如拖挂、粘连等，再看肛门处是否红肿和流黏液。如有球虫或粘孢子虫寄生，肠黏膜会呈现散在的或成片的小白点。

如果有的鱼通过一般观察，病情一时还难以确诊，则可以进行抽样解剖，彻底检查后确定。具体方法是：用镊子轻轻掀起病鱼的鳃盖，剪去部分鳃盖露出鳃丝，再用放大镜仔细观察鳃丝的黏液多少，鳃丝有否腐烂。

解剖观赏鱼的肠子，如发现其肠壁有充血现象或者发炎，就可诊断出观赏鱼患的病是细菌性肠炎。抽样解剖鱼体，可以直观地了解到成批观赏鱼的患病原因和鱼群的整体健康状况，便于采取相应的措施，进行有效的药物治疗。

观赏鱼病的治疗原则是什么?

发现观赏鱼有患病的征兆，要通过观察、检查，确诊病情后，才可采取措施，对症下药，千万不要手忙脚乱，乱治一气。一定要分清轻、重、缓、急，有步骤地进行治疗。

具体治疗原则是：

（1）先水后鱼

观赏鱼是生活在水里的，水既是观赏鱼的生活载体，又是疾病传染的媒体，所以，给观赏鱼治病，有“治病先治鳃，治鳃先治水”的说法。鳃，对鱼类来说，比心脏还重要。鳃不仅是氧和二氧化碳进行交换的重要器官，也是钙、钾、钠等离子及氨、尿素等交换、排泄的渠道。

各种鳃病是引起观赏鱼死亡的重要原因。因此，只有尽快治疗鱼的鳃病，改善其呼吸代谢功能，才能有利于防病治病。饲养水体中的氨、亚硝酸盐及水体过酸或过碱，都会直接损伤观赏鱼的鳃组织，并影响鱼的呼吸和代谢。因此，必须先控制生态环境，加速水体的代谢。

（2）先外后内

这里的先外，是指先治理观赏鱼的体外环境，包括水体与底质，以及鱼体体表的感染和创伤；后内，是指后治疗观赏鱼内脏感染的疾病，也就是“先治表，后治里”。体表疾病相对比较容易治疗，然后通过药饵喂食，给鱼体注射药液等方法来治疗内脏器官疾病。

（3）先虫后菌

寄生虫一般寄生在观赏鱼的鳃、鳍、皮肤等上面，对鱼类体表损伤较大，也比较明显，而伤口就成了细菌直接侵入的关口，由此引发各种鱼病。所以必须先治虫，消灭寄生虫对观赏鱼的危害。

治疗观赏鱼病有哪些常用的外用药物?

现介绍一些常用的外用药物如下：

（1）高锰酸钾

紫黑色菱形结晶体，溶于水。对病鱼可进行药浴，1～2毫克/升遍洒，可治疗车轮虫、斜管虫病等；50毫克/升浸洗5分钟，可杀灭车轮虫、斜管虫等；20毫克/升浸洗10～20分钟，可杀灭口丝虫、三代虫、指环虫，还可防治烂鳃病。此药物也是鱼缸、鱼具、饵料很好的消毒物。

（2）福尔马林

学名甲醛，作为外用药时，遍洒，用25毫克/升左右的浓度对病鱼进行药浴，可杀灭寄生原生动物；100毫克/升浸洗1小时，可治疗鱼鳊病、三代虫病、车轮虫病；如与孔雀石绿水溶液合用，可有效治疗小瓜虫病和斜管虫病。

（3）食盐

学名氯化钠，白色结晶，溶于水。它是一种物美价廉、用途广泛、极易得到的物品，家家都有。用其水溶液（浓度一般为1%～4%）对病鱼进行洗浴，可治疗细菌性烂鳍病、水霉病、鳞立病、车轮虫病、斜管虫病、口丝虫病等。

（4）蓝矾、胆矾

学名硫酸铜，蓝色结晶体。用其水溶液对病鱼进行药浴或全缸泼洒，可杀死车轮虫、隐鞭虫、口丝虫，如与硫酸亚铁合用效果更好。硫酸铜与漂白粉合剂，8～10毫克/升给病鱼进行药浴，浸洗25分钟左右，可防治烂鳃病、赤皮病和鳃隐鞭虫、鱼波豆虫、车轮虫、斜管虫等原生动物病。

（5）硫酸亚铁

作为外用药，将硫酸亚铁与硫酸铜以2：5的比例混合，使水体呈0.7毫克/升的浓度，可治疗鳃隐鞭虫、鱼波豆虫、斜管虫、车轮虫病等；也可用于中华鱼蚤、狭腹鱼蚤等病的防治。

（6）呋喃西林

柠檬黄色结晶，溶于水。为内外兼用的广谱抗菌药，对革兰氏阴性菌和阳性菌都有广谱抗菌作用，用其水溶液对病鱼进行药浴或全缸泼洒，是防治细菌性腐败病、鳞立病、皮肤充血病、烂鳃病的有效药物。另外，也是观赏鱼幼鱼阶段水体消毒的常用药品。

（7）小苏打

学名碳酸氢钠，加入水中可调节水的酸碱度；用其水溶液给观赏鱼进行水浴，可促进鱼新陈代谢，有利于鱼体健康。也是驱虫及抗真菌的辅助用药，以0.2%浓度给病鱼进行药浴，很快就能驱除体外寄生虫。与氯化钠以1：1的比例合用，全池泼洒，可治疗水霉病。

（8）大苏打

学名硫代硫酸钠，加入自来水中，可去除其中的氯离子，是饲养观赏鱼不可缺少的饲水处理药品。

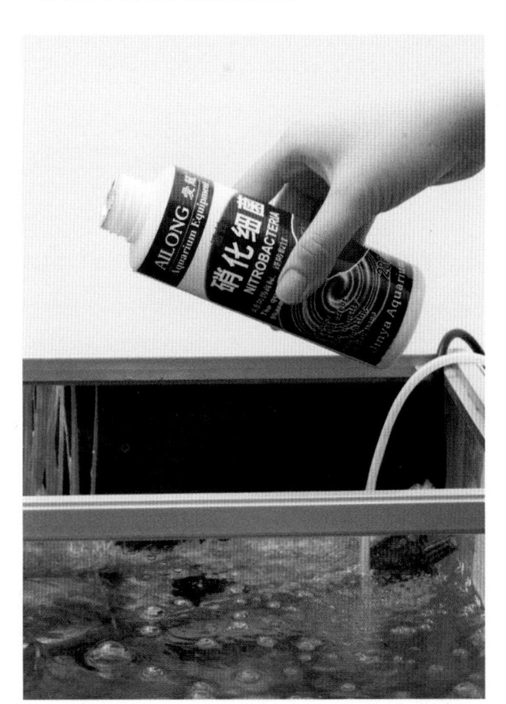

(9)漂白粉

白色粉末，对病毒、细菌、真菌均有不同程度的杀灭作用，可防治细菌性腐皮病、烂鳍病等。

(10)敌百虫

白色结晶体，溶于水，是一种高效低毒有机磷广谱驱虫、杀虫剂。使水体呈0.2～0.5毫克/升的浓度，对三代虫、指环虫、锚头鱼蚤、新鱼蚤、鱼鲺病等有良好的治疗效果。还可杀灭敌害水蜈蚣和蚌虾等。

(11)孔雀石绿

绿色晶体，溶于水，是治疗观赏鱼肤霉病、鳃霉病的特效药。以0.5～1.2毫克/升浓度，对鱼体进行药浴及全缸泼洒，对治疗三代虫、小瓜虫、斜管虫、车轮虫等寄生虫病也有一定的效果。

(12)痢特灵

又叫呋喃唑酮，为内外兼用的抗菌药。用0.5～1毫克/升的浓度，给病鱼进行药浴，可治疗黏细菌性白头白嘴病、烂鳃病、烂尾病和由单产气细菌引起的体表、鳃和肠道病。以0.025～0.05毫克/升浓度进行遍洒，可治疗黏细菌疾病。

(13)青霉素

为抗生素类药。当被运输的观赏鱼体表受伤时，为防止致病菌的感染，可给鱼进行药浴，每立方米水体中用青霉素400～800单位。

治疗观赏鱼病的常用药物还有：亚甲基蓝、磺胺类药物、硫酸镁、庆大霉素、盐酸土霉素、亚硝酸汞、红汞等。

治疗观赏鱼病有哪些常用的内服药物？

(1)呋喃西林

作为内服药预防时，可按每千克鱼体重用药6毫克，混入饵料中，连用2～3天。用于治疗时，可按每千克鱼体重用药12毫克，混入饵料中，连用2～3天。

(2)痢特灵

按每千克鱼体重用药0.1～0.2克，混入饵料中，连用3天，可治疗烂鳃病、疖疮病、肠炎病、六鞭毛虫病等。

(3)盐酸土霉素

为广谱抗生素药，对革兰氏阳性菌和阴性菌均有疗效。用于防治弧菌病、疖疮病时，可按每千克鱼体重用药0.05～0.07克，混入饵料中，视病情轻重，一般连服3～4天。

（4）氟哌酸

为广谱抗菌药，对革兰阴性菌和阳性菌、厌氧菌都有较强的抗菌作用，用于治疗细菌性肠炎等感染证。用于预防时，可按每千克鱼体重用药0.01～0.02克，每日1次，连服2天。用于治疗时，每日2次，连服3天。

（5）磺胺噻唑

用于治疗鳞立病、赤皮病，可按每千克鱼体重用药0.1克，混入饵料中，连服5～6天。

（6）磺胺嘧啶

用于治疗肠炎、赤皮病，可按每千克鱼体重用药0.08～0.2克，混入饵料中，连服3～4天。

（7）磺胺脒

用于治疗细菌性肠炎，可按每千克鱼体重用药0.05～0.3克，混入饵料中，连服5～6天。

（8）磺胺二甲嘧啶

可用于治疗多种细菌性疾病，按每千克鱼体重用药0.05克，混入饵料中，连服5～6天。

饲水温度对药物疗效有何影响?

一年四季，水族箱的水温变化较大，而不同的水温对药物的作用效果有相当大的影响。通常鱼缸中的水温越高，药效发挥得越好。但要注意，水温升高，使用药物的剂量就要减小，否则会引起中毒现象。同时，水温过高观赏鱼会无法忍受。

如用硫酸铜治疗观赏鱼口丝虫病，夏季只需0.5毫克/升浓度，而冬季则需要1.4毫克/升浓度，否则会影响药物疗效。 再如冬季给鱼种消毒，通常采用10毫克/升浓度的漂白粉，时间20分钟，此浓度若是在夏季，则会产生药害。也有资料显示，在低温环境下不少药物的疗效极差，因此，应当选其他类似药物代替，有条件的，可适当提高水温来提高疗效。

水族箱中用药应注意哪些事项?

在水族箱中施药给观赏鱼治病虽然是很普遍的治疗方式，但这其中有很多讲究。如不加以注意，随便滥用，会出现许多问题，甚至会引起水草或观赏鱼的死亡。

（1）不在有水草的水族箱中用药

水草对药物非常敏感，大部分药物都会引起水草烂根和死亡，特别是呋喃类药物。所以在有水草的水族箱中，最好不要使用任何药物，如水族箱中出现病鱼，只能将鱼捞出单独放在其他鱼缸中进行治疗。

（2）注意选用不伤害硝化细菌的药物

用药时要注意所用药物及其浓度不伤害到系统中的硝化细菌。因为有些药物在杀死有害细菌的同时，也会连同硝化细菌一起杀死，造成系统崩溃，水质恶化。一般呋喃类药物对硝化细菌伤害较小，使用其他药物时要严格掌握其合适的浓度。

（3）软骨类观赏动物、鱼不可随便用药

在养有珊瑚、海葵等软体动物的水族箱中不可投放含有重金属离子的药物。软体动物对重金属非常敏感，微量的重金属离子就足够造成其死亡。对鳐等软骨观赏鱼类，少量的重金属离子便会引起死亡。即使大部分鱼可以暂时忍受药物的一定浓度，但最终都会引起中毒。

（4）避免几种药物混用

给观赏鱼治病时，要注意避免几种鱼药的混用，以防止药物之间产生化学反应和毒副作用。确实需要几种药物同时使用时，一定要注意药物的匹配和禁忌。

（5）注意用药时的水质条件

有部分药物会受到饲养水温、pH值和水的硬度的影响，而影响药效的正常发挥。因此，在不同的温度条件下，用药浓度应进行适当调整。

（6）准确计算用药量

在给观赏鱼治病时一定要准确计算药量，不可随意加大或减少用药量，也不能用药1～2次后就认为无效而改换其他药物，因为任何一种药物疗效的发挥都需要有一定的时间。

另外，要尽量避免长期使用一种药物给观赏鱼治病，以免产生抗药性。

水族箱中的水草也能杀菌吗?

目前已有研究资料证实，凡水族箱中有生长良好的水草存在，观赏鱼的发病率要远远低于没有种植水草的水族箱，可见水草和控制病菌是有一定的关系的。从自然界动植物的生态循环作用来看，观赏鱼每天要排出大量的排泄物，另外，部分溶失于水中的残饵会腐败变质，并被微生物分解，从而产生大量的氨氮化合物，污染水质。如果在水族箱中种植水草，氮的化合物就成了水草的肥料，水草能有效地吸收水体中氮的化合物及其他有机物质，净化水体。

研究表明，水草在吸收水、矿物质和二氧化碳的同时，也在摄取水中大量的有机化合物，这些化合物很多是水中的有害物质。有人利用水草的这一特性，用水草降低水中大肠杆菌和其他微生物的数量，效果非常明显。更有研究表明，某些水草可直接释放出抗生素，能杀灭水中的细菌。因此，在水族箱中种植水草的确可以起到杀灭细菌、保持水质的作用。

金鱼患病时有哪些不正常的表现？

当金鱼患病时，就会出现各种不正常的表现，只要饲养者留心观察，是不难发现的。下面是金鱼患病时的各种表现：

一是，金鱼在缸中急躁不安，或在缸中急游、打转，或久浮水面不能下沉，或长时间沉在水底浮不起来，或用鱼身擦着缸边，或鱼身侧卧水中，或倒立在水中等，都属有病的表现。

二是，金鱼离开鱼群而单独浮在水面，呆滞不动，全身的鱼鳍无力地下垂，不挺直，不舒展，投给食物时，鱼儿不感兴趣，有时虽将食物吞进口中，不久又吐出来。

三是，金鱼常把头浮于水面，或靠近缸壁，不想游动。当饲养者走近鱼缸时，金鱼视若不见，当碰动缸体使水缸震动时才沉入水中，但隔不多久，又重新把头浮于水面，这些也是有病的迹象。

四是，如果发现金鱼排出的粪便不是像平时那样的棕色或黑色，而是白色黏液状的，而且在肛门外拖着一细长的条状粪便，或是鱼的头部发黑，腹部出现红色的斑块，肛门红肿，用手在肛门附近部位轻压一下，就会流出黄色液体，也是鱼儿得病的征兆。

五是，平时，金鱼身体上的颜色是鲜艳而有光泽的，如果发现金鱼的体色变得黯淡无光，鱼体消瘦，有水泡的金鱼水泡收缩了，游动时身体不能向前推进，老是脑袋在晃动，或者发现鱼鳍充血，鱼体的某个部分红肿、发炎，或有溢血点或溃疡点，或腹部两侧鳞片脱落，或有一些鳞翻开竖立起来，或身体各部分的鳍根部有发炎、红肿或腐烂等现象，这些也是金鱼害病的表现。

六是，金鱼的体表，本来都是有一层黏液保护着鳞片和皮层的。如果发现这种黏液过多，或有一层白霜样的液体覆盖全身，或出现小白点，或出现像棉絮那样的物体成团成块，或有一块块像绒毛似的东西粘附在身上，那也是一种鱼病的病症。

七是，如果发现鱼的鳃部有充血现象，或鱼鳃变得苍白或呈灰绿色，甚至在鱼的体表出现腐烂、缺损且有较多黏液，都是鱼患病的症状。

八是，将鱼握在手上，如果鱼的眼球能够转动，则是健康的金鱼；若握在手上后，金鱼没什么反应，这也是金鱼有病的表现。

一旦发现金鱼患病，应该及时分辨所得的是哪种病，迅速给予治疗。

怎样用药物预防金鱼病害？

为了预防金鱼患病，必要时可以采用将药物掺入饵料中给鱼服用的办法，对有些鱼病可以收到预防的效果。

具体的做法是：把药物和饵料拌匀，做成颗粒状或条状、片状，喂给金鱼食用。比如发现金鱼有轻微的拉稀时，可用大蒜素或痢特灵等药物和入面粉中做成颗粒或细条状，晒干后喂或新鲜时喂均可。当然，做得比较多时，一定要晒干后才能贮存，否则容易变质。至于用药的多少，需要根据鱼体的大小、病情的轻重、天气和水温等各种情况来定，总之，不可盲目地多喂，初喂时可少些，要逐步试探着进行，灵活应用。

用药的品种除上述两种外，可根据鱼病有针对性地采用如呋喃西林、各种维生素、土霉素等药物。

这种方法适用于病情较轻或刚开始生病的时期，而且要在金鱼食欲尚好的情况下才能采用。特别要注意的是：切不可用含有毒性的药物，否则会适得其反，造成损失。

金鱼患病后，一般用什么方法进行治疗？

发现金鱼患病后，一般都采用浴洗法为金鱼治疗，就是针对金鱼的病种，先配制好某种特定的药液，然后将金鱼放入药液中浸浴一定的时间，以达到治疗的效果。

治疗金鱼疾病的注意事项是：

一是，治疗容器的大小，要根据病鱼个体的大小和病鱼的数量而定。若病鱼只有极少的一二尾，则用小面盆盛2/3～3/4的水来配制药料，配制好后，将病鱼放入盆中浸浴即可；若病鱼的数量多，鱼体较大，则需用较大的容器或大缸装盛药液。

二是，病鱼在药液中浸浴时间的长短，要根据药液的浓度、水的温度和鱼体的大小以及病鱼的病情轻重来决定。如果病鱼的病情较重，水温度较低，药液的浓度也不高，鱼体又比较大，则浸浴的时间可以长些；反之，若病情较轻，水温较高，鱼体短小，药液较浓，则浸浴的时间就可短些。总之，应灵活掌握，时间一般在5～30分钟之间，但也有例外，有的甚至需要浸浴半天或1天的。

三是，为了达到较好的治疗效果，鱼池或鱼缸应同时进行消毒。

四是，在病鱼放入药液中浸浴期间，饲养者不可离开，需仔细观察病鱼的反应，若发现病鱼有不正常或不适应的反应，如在水中狂游或出现抽搐现象时，要立即将病鱼捞入等温的清水中漂洗，必要时还要在水中增氧，使鱼回到平静的正常状态。

五是，经过浸浴治疗后的病鱼，要捞出放入等温的新水中漂洗1～2小时后再捞回原容器中去，在嫩绿水中安静地休息，必要时还应用增氧泵给予增氧。

金鱼的水泡或绒球大小不同时如何调整？

水泡眼金鱼和绒球金鱼都属于金鱼中的优良品种，其水泡或绒球大小相称，极具欣赏价值。但也有的因生长发育不良或受到机械损伤，造成两侧的水泡或绒球大小不同，失去应有的美观，必须用人工的方法进行调整。具体的调整方法是：在水泡金鱼或绒球金鱼的左边水泡或绒球比右边小的时候，将鱼缸或鱼池中的水按顺时针的方向旋转搅动。由于金鱼有逆水游动的习性，它会向逆时针的方向游动，这样游动的结果，金鱼左侧的水泡或绒球所受到的水的压力就大，而右侧水泡或绒球所受到的压力较小，因而左边水泡或绒球比右边的就要生长得快一些。这样进行一段时间的调整后，两侧的水泡或绒球就会逐渐发展到大小相称。反之，亦然。

作此项调整，必须对两侧水泡或绒球大小不同的金鱼单独进行，不可与其他正常的金鱼一起进行。用此方法要每天坚持进行1～2次，直至两侧的水泡或绒球匀称为止。

第三章
养鱼先养水

观赏鱼需要什么样的饲养用水?

任何生物的生存都必须有一个良好的外界环境。观赏鱼和其他动物一样，在其漫长的进化过程中，已经形成了各种与其水体生活环境高度适应的器官和生理功能，对其生活环境有一定的适应范围。在人工饲养条件下，必须尽量满足观赏鱼所要求的水质条件，否则就会影响其正常的生长和繁殖，甚至导致死亡。

（1）水温

不同品种的观赏鱼都有一定适宜生存的温度范围，即使是同科属的不同品种间，也有其自身最适宜生存的温度界线。因此，饲养者一定要根据鱼的要求对水温进行调控。

（2）酸碱度

此项指标用pH值（pH值范围为1～14，7为中性，7以上为碱性；7以下为酸性）来表示，水族箱中水的pH值是否保持在正常范围内，对饲养观赏鱼非常重要，pH值不合适，观赏鱼就难以生存。

（3）二氧化碳

水中二氧化碳是由鱼的呼吸和水中植物的新陈代谢所产生的，它是一种有害物质，当其含量超过水中自养菌和水草光合作用的吸收能力时，有害性就会显露出来。有关资料显示，当水中二氧化碳的含量达到80毫克/升时，鱼就会产生“浮头”现象，严重时会中毒死亡。减少水中二氧化碳含量最有效的办法是利用增氧泵充气和水循环系统，为水中增加氧气，减少水中二氧化碳含量。

（4）溶解氧

指水中溶解氧气的多少。水中含有溶解氧的量，直接影响观赏鱼的摄食、生长发育、繁殖等生理活动。溶解氧含量的多少，是判断水质好坏的重要指标。有关资料表明，当水中氧含量低于0.5毫克/升时，鱼就会把头浮于水面呼吸氧气。所以平时要了解观赏鱼的耗氧情况，通过增氧泵调节水流大小或清洗、更换过滤器来调节水中的溶氧量。

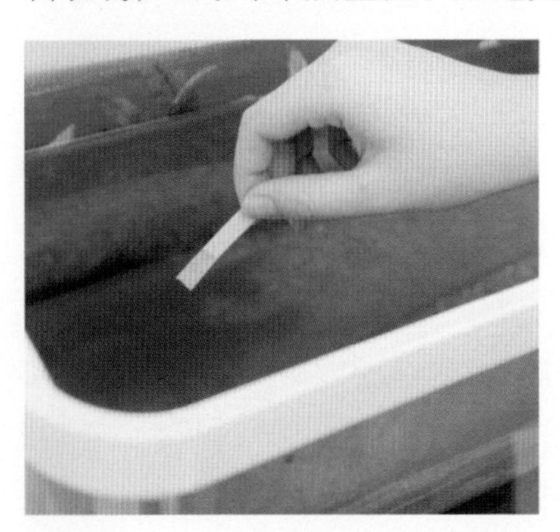

（5）硫化氢

它是由水族箱中鱼的残饵、粪便等分解产生的有毒气体，当水中的硫化氢含量过高时，会破坏鱼的呼吸系统，引起鱼窒息死亡。因此，做好水族箱的清洁卫生工作是减少硫化氢产生的有效途径。

（6）氨气和亚硝酸盐

氨气也是由于水族箱中鱼的粪便、残饵等分解产生的有毒物质，它最大的致命性是会转化为亚硝酸盐。亚硝酸盐是一种有毒的物质，据有关资料介绍，当水中含量达到1毫克/升时，鱼就会中毒死亡。一般解决的办法是利用生物来分解水中的亚硝酸盐，这在市场上可以买到。但是最根本的方法是要定期换水，保持水族箱水体的干净，降低有害物质的危及程度。

（7）硬度

硬度是反映水中含钙盐和镁盐的多少。

怎样选择饲养用水?

大部分观赏鱼适合生活在酸碱度接近中性、含矿物质较少的软水中，饲养者必须重视养鱼用水的选择和处理。

简单地说，江水、河水、湖水、井水、泉水、自来水，还有高山雪水、蒸馏水和去离子水等，只要没有污染的水一般都可以用来养鱼。这几种水各有优缺点，与其说如何选择饲养用水，还不如说是如何利用水源。因为家庭养鱼一般都是因地制宜，就近取水，有什么水就用什么水，如在城市里就用自来水，在乡镇则用井水、泉水或江湖中的水。

自来水是经过净化处理过的，比较干净，属软水，是城镇中比较理想的饲养用水。但自来水中含有氯气，必须除氯后方可使用。可用晾晒法和化学法除氯，晾晒法是将自来水放在日光下曝晒2～3天，使氯气挥发；化学法可用硫代硫酸钠（即海波，俗称大苏打）来除氯，一般每10千克水中加1克硫代硫酸钠，搅拌溶解后即可。此外，每75千克水中放维生素C 1片（100毫克）也可除去自来水中的氯气。

江、河、湖水属天然水，水性温和，含氧量高，浮游生物丰富，有助于鱼体色泽鲜艳。但这种水杂质多，水色浑浊，水中腐败的有机物和寄生虫较多，有害鱼体健康，一定要经过滤消毒后才能使用。

井水和泉水含矿物质较多，属硬水，不同地区的井水和泉水水质差异较大，用来饲养金鱼还是可以的，但因水温夏季偏低，要经日晒或放置1～2天后才能使用。

如果有条件，将高山雪水融化后用来饲养金鱼、热带鱼也可，因为这种水硬度、酸碱度均不高，但必须水温适宜。蒸馏水是纯水，含氧量极少，应放在敞口容器中曝晒或与空气接触多日，使溶解氧的数量达到正常后再使用。某些热带鱼对水质要求较高，可在其他饲养水中兑入部分蒸馏水。原水经过离子交换剂处理后，便可得到纯度很高的去离子水，使用这种水养鱼也很好。

什么叫生水、新水、陈水、老水和回清水？

所谓生水、新水、陈水、老水和回清水，这些都是养鱼人称呼不同水质的术语。

（1）生水

指未经晾晒处理过的清洁水，如刚从水龙头里放出的自来水或刚从井里打出的井水等都称生水。其水温通常与养鱼池（缸中）中的水温相差较大，特别是自来水中含氯气较多，对观赏鱼危害极大，使用后轻则出现中毒，引起歪头、脊柱弯曲、感冒、诸鳍末梢充血等，重则很快中毒死亡。

（2）新水

自来水、井水或泉水，经过日晒静置沉淀48小时以上，与鱼池（缸）水温相近的干净水就称为新水，也叫熟（伏）水。这种水的水温和含氧量均上升，有害气体全部挥发掉。

（3）陈水

指鱼池（缸）中底部含有鱼粪便、污物的脏水，包括池（缸）中长期未经换用的养殖用水。

（4）老水

是鱼池（缸）中清洁而呈嫩绿色、绿色、老绿色或绿褐色水的统称。其中以嫩绿色水为最佳。在老水中，浮游的绿藻较多，它们是鱼儿很好的辅助饵料。这种水腐败分解的有机质少，溶解氧较多。以嫩绿色而清洁的老水养鱼，养出的鱼食欲最为旺盛，鱼体健壮，色泽鲜艳，发育很快。

（5）回清水

如果原来池（缸）中的老绿水突然变成了澄清水，许多绿藻沉淀缸底，这种水称之为回清水（俗称咬清水）。这是因池（缸）中过剩的鱼虫以绿藻类为食，或是因为水质败坏和观赏鱼患病用药，或者水瘦绿藻缺乏营养等，引起绿藻大批死亡的缘故，致使老绿水突然变为澄清水了。这种水很容易引发鱼病，必须立即全部换掉。

为什么不宜用雨水饲养观赏鱼？

雨水属天然水，是软性水质，在没有受到污染的地区，雨水是十分纯净的，其硬度趋近于0，酸碱度（pH值）接近于7，经过处理后，可以用来饲养观赏鱼。但现在不少城市空气污染严重，雨水中往往含有碳、硫等有害物质，故这种雨水不能用来饲养观赏鱼。据有关资料报道，金鱼就不宜用雨水饲养，其理由是：雨水含有一些有毒气体，特别是在一些污染严重的城市上空，有毒物质溶于雨水中，如果过多地降落到金鱼池（缸）中，不仅影响水温，而且有碍于金鱼器官组织充分利用氧气的机能，严重时可致金鱼死亡。所以，特别是梅雨季节，切忌让雨水大量漏入鱼苗池和孵化池中。梅雨季节的雨水更是不宜用作饲养用水。

如果实在需要用雨水养鱼，在使用前可用硫酸镁进行处理，使水中杂物沉淀。

为什么说不宜用蒸馏水来养观赏鱼?

蒸馏水无色、无味、杂质少，它是由自来水经高温加热生成水蒸气冷凝后得到的，基本上没有细菌和寄生虫，是所有饲养用水中最清洁、水质最软的一种水，但水中不含氧或含氧量极低，而观赏鱼在水中需要足够的氧气才能生存，所以，蒸馏水不能直接用来作为观赏鱼的饲养用水。在作为饲养用水之前须经晾晒或用增氧泵充氧数小时后才能使用。

即使观赏鱼在蒸馏水中能生存，生长发育也肯定不佳。其主要原因还是因水中溶氧量不足和缺乏浮游生物等，故建议最好不要用蒸馏水养鱼。但蒸馏水是热带观赏鱼繁殖最理想用水，对于不同要求的鱼种，可以用磷酸二氢钠或草酸调整水质的酸碱度。

怎样给水族箱补水?

实践证明，如果能认真按操作规程操作和管理好水族箱的水，比如经常清洗过滤器材，每次发现有残饵、粪便及时用吸管吸掉，水草的枯枝败叶及时清除等，水族箱内的水原则上可以1年彻底更换1次。但平时需要经常补水，这是因为水族箱内的水会蒸发的缘故，尤其是在加温的条件下，水的蒸发会更快。此外，经常补充一些新水，不仅可以保持水体的清新、增加水中氧气，还可以刺激鱼体，加强鱼体的新陈代谢。在给水族箱补水时，可以直接用新鲜的自来水加满水族箱，选一洗净的饮料瓶专门用于加水，加时将瓶口沿水族箱的边缘徐徐将水加入，这样可以减少对鱼的惊扰，也可以防止水草和底沙的泛起。这种补水方法不会伤及鱼体，简便而又安全。

怎样给水族箱换水?

由于鱼的呼吸、排便和吃剩饵料的腐败分解，鱼缸水体中的溶氧量减少，二氧化碳增多，使水质变坏，不利于鱼的生活，必须定时给鱼缸换水和补水。一句话，换水的目的是为了冲淡水族箱内水的有害物的浓度，或用新水替换原来的被污染的

水。换水有两种方法，一种是一般换水，一种是彻底换水。

（1）一般换水

指平时每隔3～5天换1次水，主要是用吸管吸除鱼缸底部的粪便、残饵和陈水，一般换水量掌握在1/7～1/4，如水质不良时，可吸去1/3，有必要时甚至可以吸去1/2，然后徐徐加入等温、等量、无氯的新水。如果是炎热的夏天，可以坚持每天用吸管将水族箱底部的粪便、残饵、污物连同少量陈水全部吸出，换入少量等温的新水，这样既保持水体的清新，又可增加水中氧气。这种换水方法不会伤及鱼体，而且简便安全。

对平时工作忙、时间紧的人来说，可以在市场上买一种叫水质纯净剂的产品，可用它来调整水质，以此来延长换水的时间。也可以买专用过滤器放入水族箱内，每天定时开1～2次，每次1～2小时，这样也可以保证水族箱水体的清新、良好，同时又减少了换水的次数。

（2）彻底换水

就是将水族箱内的水全部换掉，是较少采用的一种换水方法。只有在水族箱内的水确实被严重污染，如缸中水体发浑，呈黄褐色或灰白色，闻着有腥味，或者天气过于闷热，鱼浮头，这就说明水中缺氧，鱼儿已达到不可忍受的程度，必须彻底换水，或发现水族箱内有病菌时才采用。这是因为观赏鱼普遍对水温、水质的变化较为敏感，对水温、水质的急剧变化适应力极差，如果经常采取彻底的换水方法，会使鱼的抵抗力下降，严重时会引起鱼的死亡。彻底换水看似简单，其实不然，这其中有许多要注意的事。一是季节的因素，冬季天气寒冷，水温下降速度快，必须在很短的时间内完成全部换水过程；二是移动鱼的过程，对于较大型的鱼类，在捕捞时会急剧抵抗、逃避，千万不要伤及鱼体，否则很容易被细菌感染。因此，在彻底换水时必须严格按照操作程序进行换水。彻底换水的程序如下：

第一步，拔掉水族箱上保温、过滤、增氧、照明等系统的所有电源插头。

第二步，排掉水族箱内的水，使水族箱内的水保留1/2左右。

第三步，将鱼轻轻捞入与原水温相近、事先准备好的盛满新水的容器中，放入增氧泵气头增氧，防止换水时间过长，鱼出现缺氧。

第四步，把水族箱内剩余的水全部抽掉，取出过滤器、电热管、鹅卵石、水草等，进行清洗消毒（可用淡盐水或3%高锰酸钾溶液）。

第五步，先用清水刷洗水族箱四周，再用少量浓盐水或高锰酸钾溶液浸泡冲洗水族箱，消毒后再用清水把水族箱冲洗干净。

第六步，水族箱清洗干净后，可将沙、石材等放入水族箱布置，布好后，注入约1/3的新水，再在水族箱里种植水草。

第七步，安装增氧泵、水温计、电热管、过滤器装置等，并注入新水至水族箱的2/3。

第八步，启动所有电源设备，当水温达到要求时，再用捞鱼网小心地把观赏鱼慢慢捞入水族箱中。

需要强调的是，换进的水一定要用新（熟）水，新水与老水的温差不得超过3℃（如是鱼苗则不过1℃）。

在彻底换水后的1～2天内，由于鱼儿对新的环境尚未完全适应，可能会出现食欲减退现象，所以要减少投食，甚至可停食1天，否则吃不掉的鱼饵会引起水体变质。

水族箱中氨、氮是如何产生的?

在水族箱中，氨主要是由观赏鱼的排泄物、食物残渣及鱼体本身的蛋白质等有机物被细菌分解而产生的。例如，鱼的排泄物尿素、粪便会产生游离氨，鱼缸中剩余饵料和死鱼的分解也会分解产游离氨。而氨又被亚硝化细菌氧化生成亚硝态氮，其与氨一样都是有毒物质，对鱼有致命的影响。所以，水族箱中不能过多投饵，发现有死鱼时要及时捞出。

什么是硝化细菌?

硝化细菌是一种好氧细菌，能在有氧气的水中或沙砾中生长，并在水体净化过程中扮演着重要的角色，可以将氨转化成对鱼无害的硝酸盐。这些细菌分为两类：一类是将氨先转化为亚硝酸盐，称为亚硝化细菌；另一类是将亚硝酸盐转化为硝酸盐，称为硝化细菌。这些细菌都属于附着性好氧细菌，因此，必须有充分的溶解氧和附着物供其生存。

硝化细菌在水族箱中起什么作用?

水族箱中如果没有硝化细菌的存在，必然会面临氨含量急剧增加的危险，不论采用何种方法或使用任何水族用品都不能彻底解决这个问题。因这些硝化细菌能将水中的有毒化学物质（氨和亚硝态氮）加以分解去除，有净化水体的功能。不过需要注意的是，硝化细菌在水体pH值为中性、弱碱性的环境下作用效果最佳，在酸性水体中最差。

怎样培养水族箱中的硝化细菌?

在饲养观赏鱼的过程中，我们是无法防止氨的产生的，但可以设法培养和提高硝化细菌的数量来消耗水族箱中大量的氨。

那么，我们怎样才能获得硝化细菌呢?

首先，我们必须为硝化细菌准备好附着物，通常表面积大、多孔的材料最为理想，如生物球、陶瓷环等，沙石也可以作为附着物。在水族箱中，附着物的体积可以占到总水体的20%左右，而且必须有充分的水流经过，不能形成死角，出现缺氧区。

其实，家庭水族箱的硝化细菌一般不需要特殊的接种培养，只要是运转正常的水族箱，附着物上会自然生长出硝化细菌。一般来讲，在淡水水族箱中培育出成熟的硝化细菌需要7～10天，海水水族箱中需要30天左右的时间。在一个新建的水族箱中，硝化细菌在没有氨和亚硝态氮的情况下繁衍量是很少的，但如果放入的鱼较多，则硝化细菌一时又无法承担分解氨、亚硝态氮的工作，因此在起初培养硝化细菌时必须在水中添加氨，以刺激其大量生长繁衍。家庭水族箱中通常采用的方法是先放少量的鱼，待硝化细菌成熟后再逐步增加放鱼的数量。

若想尽快放入观赏鱼，也可以利用饲养过观赏鱼的滤材或滤沙（其上附有大量的硝化细菌），将它们放入新设立的水族箱中引入菌种，可大大促进硝化细菌繁殖的速度，至少可节约一半的培养时间。

如果急需使用大量的硝化细菌，也可以添加一些目前市场上出售的人造硝化细菌制品（有液态、粉末状、干燥孢子等不同类型）进行接种，一般3～5天就可以形成一个良好的生态系统。

硝化细菌对生存环境要求并不高，与观赏鱼生存环境相仿，甚至更宽松些，但水体过度酸化、缺氧或对附着物的过分清洗均会对硝化细菌造成损害。因此，要保证水体不过度酸化，使水体pH值尽可能为中性、弱碱性；尽量不要长时间关闭循环系统，以避免缺氧；一般情况不要彻底换水、清缸，避免清洗附着物。

如何管理和控制好水族箱的水质?

水质管理主要包括调节水的pH值、氨气和亚硝酸盐、硬度、二氧化碳及溶解氧等。有些观赏鱼对水质几乎没有什么要求，或者要求不高，这些鱼比较容易饲养。但也有些鱼对水质要求较高，若不予以满足，则会患各种疾病，甚至死亡。

当鱼养了一段时间后，水体会逐渐变酸，稍微的酸性对鱼来讲是适合的，但长期不理会这种酸性水质，酸性会逐渐增强，会对鱼的体表和鳃部产生危害。水的pH值常用磷酸二氢钠和碳酸氢钠配成缓冲溶液来调节，用磷酸二氢钠降低水的pH值，即增大水的酸性；用碳酸氢钠提高水的pH值，即增大水的碱性。将上述药品分别溶于纯水中，配成1：100的溶液，根据需要逐滴加到水里，充分搅拌，不时用pH值试纸测试，直至达到要求为止。但水质不好时不宜用药品进行调节，而应立即换水。

家庭饲养少量观赏鱼时，平衡的鱼缸系统并不需要特别注意氨、亚硝氮和溶解氧的含量问题，但饲养的鱼较多，接近系统负载饱和点时就要注意了，如鱼有呼吸急促、“浮头”等现象，就要用增氧泵冲气，以补充溶解氧，每隔3～5天换掉1/7～1/4水，换水时用吸管吸除鱼缸底部的粪便、残饵和陈水，如果是炎热的夏天，可以坚持每天用吸管将水族箱底部的粪便、残饵、污物连同少量陈水全部吸出，换入少量等温的新水，这是保持水质最好的方法。

观赏鱼对水温有什么要求?

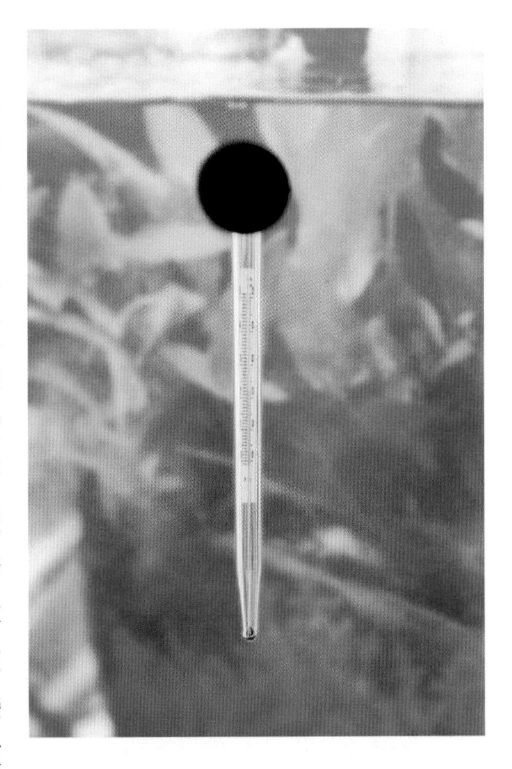

观赏鱼的品种繁多，遍及世界各地，它们既有广温性鱼类，又有热带鱼类；既有淡水鱼类，又有海水鱼类。由于其生活地域不同，栖息环境各异，生活习性及对水温的要求也各不相同。

总的来讲，温带区域的鱼类，长期生活于四季分明的环境中，适温范围较宽，属广温性鱼类，例如金鱼可以在0～34℃的水中生存，水族箱的适宜温度为20～30℃。水温高于30℃时，鱼的呼吸代谢加快，鱼体处于消耗状态，对生长不利；水温低于20℃时，鱼体活性降低，随着温度进一步降低，鱼逐渐进入休眠状态；23～25℃为最适温度。生活在热带和寒带的鱼类属狭温性鱼类，在这些地区温差较小，鱼类对水温变化特别敏感，对水温的要求比较苛刻，譬如热带鱼的适温范围为18～32℃，水族箱饲养水温以24～26℃为宜，而冷水性鱼类的适温范围为0～10℃。因此，饲养热带观赏鱼一定要有相应的保温系统。

水温对观赏鱼有什么影响?

观赏鱼属变温动物，它们的体温随着周围环境温度的变化而变化。每种鱼都有其适宜生存的温度范围，即使是同科属的不同品种，也有不同的最适宜生存的温度范围。因此，要养好观赏鱼，水温的控制是一个重要的环节。

当饲养观赏鱼的水温在最适宜的范围内时，鱼体内的各种酶活性最好，消化功能、代谢能力和抗病能力都处于最佳状态。此时，鱼儿生活得最欢快活跃，身体上的颜色美丽而富有光泽，食欲强，生长迅速。尤其在繁殖方面，鱼卵发育好，生长速度快，苗鱼健壮，成活率高。当水温高于最适温度时，鱼儿就像发烧一样，各种代谢加快，鱼体处于消耗状态，不利于生长。当水温低于最适温度时，鱼体代谢出现异常，鱼缓慢游动，进食量降低，抗病能力下降，严重的将导致死亡。

当水温忽高或忽低时，也会影响鱼类的食欲、活动和生长，轻则食欲减退，活动迟滞，重则造成死亡。不仅如此，昼夜温差太大，如果超过5℃以上，也会给鱼带来不适，显得虚弱、色暗，久而久之将导致鱼患病而死亡。

过去常有人这样认为，饲养观赏鱼的水温越高越好，特别是热带鱼，温暖的环境会有利于鱼的生长发育，使鱼充满活力。其实不然，水温升高会降低溶氧量，过高的水温不仅不利于鱼的生长发育，而且还会引起水族箱内细菌的孳生，诱发鱼病，经常换水，造成不良的后果。实践证明，家庭饲养观赏鱼的水温宜控制在鱼的最适温度范围内略偏低一些的，此时鱼的状态最佳，抗病能力强，水族箱的水生态系统最稳定，换水次数也最少。

观赏鱼为什么不能适应较大的温差?

有资料显示， 4～5℃的温差变化对鱼的影响相当于20℃的温差对人的影响。水温骤然变化，鱼体来不及适应，造成体内新陈代谢失调，肌体组织受到损伤，此时鱼儿就容易患病，甚至死亡。

因此，家庭饲养观赏鱼一定要注意气温的变化和对水温的控制，换水瞬间温差不可超过2℃，昼夜温差不可超过5℃，繁殖期水温昼夜相差不宜超过2℃，否则鱼儿极易感染疾病。所以，刚买回家的观赏鱼，先要将袋连同鱼和水一起放入水族箱，等袋里的水温与水族箱的水温接近时再将鱼儿放入水族箱。

但是，以上所说的并不是给鱼儿提供一个完全不变的恒温环境，而是说这种水温变化要控制在鱼类最适宜生存的温度界线内。略微的水温变化可使观赏鱼产生抗逆性，有利于锻炼观赏鱼对环境变化的抵抗能力，从而降低患病的概率。

怎样管理和控制好水族箱的水温?

前面几题我们谈了不少关于观赏鱼适应水温变化的话题，接下来我们再谈一谈有关水温的管理和控制。

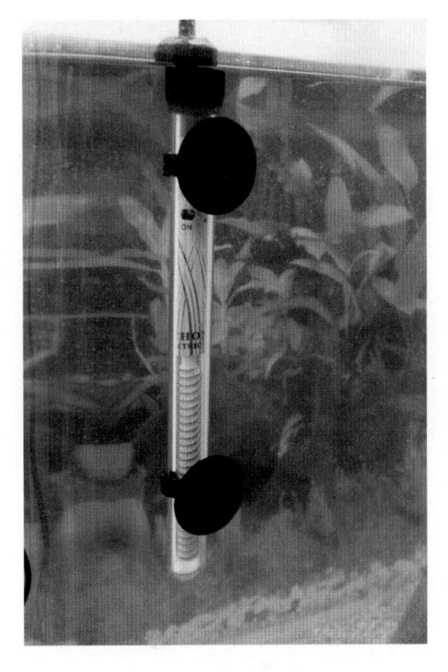

家庭水族箱中水温的控制通常是由恒温器来完成的，这样可以节省饲养者大量的时间和精力。如果发现水温偏低，可将加热器控温指示拔出或向外旋（旋高）。如果水温仍不能升高，可考虑增加加热器的功率，也可以增加加热器的个数。但如果发现水温偏高，一般做法是将加热器的控温指示向内旋低些，或拔掉电源一段时间后再通电。如果水温还降不下来，可考虑兑以部分低温同质水。此外，还可以借助水族箱上部或室内空调来降温。

什么叫缺氧?

缺氧是指水中含氧量太低的意思。饲养金鱼的水，其溶氧量低于2毫克/升时，就表明此水严重缺氧，金鱼就会出现“浮头”现象，即金鱼将头浮出水面以吸取氧气来延续生命。此时若不及时设法加氧，就会使金鱼因缺氧而窒息死亡。

水中含氧量的多少，与水面和空气接触的面积大小、水面有无波动、水是否流动有直接关系。露天清水池中的水，特别是河、溪中的流水，其溶氧量都较高，一般可达12 ~ 20毫克/升。适于金鱼正常生长的水体溶氧量应不低于6毫克/升，低于3毫克/升时就是“缺氧”状态的水，不适于金鱼生存。

水中溶氧量还受光照和水生植物的影响。白天，水生植物受光照产生光合作用，吸收水中的二氧化碳，释放出氧气；晚上，没有光照，水生植物不能进行光合作用，本身的呼吸还要消耗5%左右的溶氧量，所以到黎明时水中溶氧量降到最低点。饲养者要注意水生植物的这种双重性，防止夜间金鱼因缺氧而死。

如何解决缺氧问题?

解决水体缺氧的办法：一是向鱼缸内加注新水，改善水体环境；二是用小型增氧泵或用循环水来养鱼。用增氧泵充气在增加氧气含量的同时还可驱除水体中的二氧化碳。金鱼浮头当然说明水中缺氧，但金鱼浮头后为什么不会立即死亡呢？有关资料证明，当水中二氧化碳含量超过80毫克/升金鱼开始浮头，待二氧化碳含量超过100毫克/升时金鱼就会中毒死亡。增氧泵就能把水体内的二氧化碳随同气泡一起驱除到空气中，并增加新鲜空气与水体的接触面，促进溶解氧量增加。增氧泵还可改善水族箱的浑浊度，驱除水体中的废气，净化饲水。

第四章 喂鱼食的大学问

观赏鱼的饵料有哪些种类?

观赏鱼的饵料通常分为动物性饵料、植物性饵料和人工合成饵料三大类。

(1)动物性饵料

动物性饵料大部分在天然水域中自然生长，其种类多，数量大，且容易获取。

①鱼虫类 指是生活在坑塘、河沟中各种甲壳类水蚤的俗称，因地区不同还有“鱼虫”“红虫”“水蛆”等别称。鱼虫类包括灰水类，又名蛋黄双蚤，其中有沙壳虫、辐射变形虫、钟形虫、表壳虫、棘壳虫、尾毛虫、草履虫等，是热带鱼、金鱼、锦鲤等观赏鱼刚孵化出来的稚鱼最理想的开口饵料，以草履虫最好。

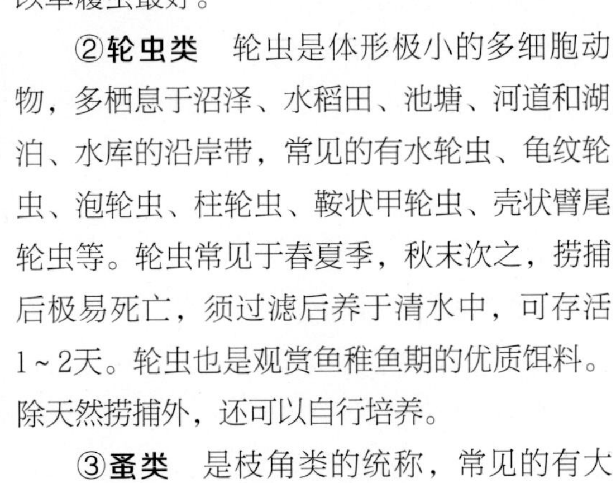

②轮虫类 轮虫是体形极小的多细胞动物，多栖息于沼泽、水稻田、池塘、河道和湖泊、水库的沿岸带，常见的有水轮虫、龟纹轮虫、泡轮虫、柱轮虫、鞍状甲轮虫、壳状臂尾轮虫等。轮虫常见于春夏季，秋末次之，捞捕后极易死亡，须过滤后养于清水中，可存活1~2天。轮虫也是观赏鱼稚鱼期的优质饵料。除天然捞捕外，还可以自行培养。

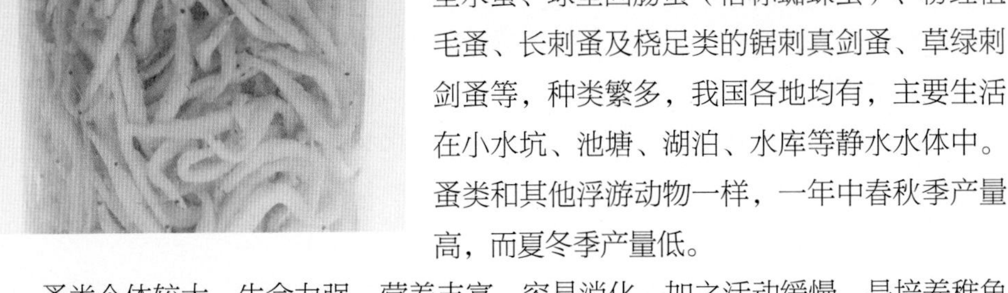

③蚤类 是枝角类的统称，常见的有大型水蚤、球型回肠蚤（俗称蜘蛛虫）、粉红粗毛蚤、长刺蚤及桡足类的锯刺真剑蚤、草绿刺剑蚤等，种类繁多，我国各地均有，主要生活在小水坑、池塘、湖泊、水库等静水水体中。蚤类和其他浮游动物一样，一年中春秋季产量高，而夏冬季产量低。

蚤类个体较大，生命力强，营养丰富，容易消化，加之活动缓慢，是培养稚鱼第二期的最佳天然饵料之一。

④虫类 包括蚯蚓、水蚯蚓、鳃丝蚓、孑孓、蝇蛆、丰年虫、蚕蛹等，是营养丰富的观赏鱼饵料。

蚯蚓、水蚯蚓这类饵料虽然营养丰富，小鱼、大鱼均爱吃，但它们均产在污泥或污水中，含菌量高，不宜过多投喂，鱼吃不掉时应及时捞出，以免污染水体，造成疾病传播。

孑孓是蚊科幼虫的通称，种类很多，颜色多为黄棕色，有的呈黑色。孑孓通常生活在稻田、池塘、水沟、静水污水池、缸中，经常群集在水面呼吸，稍一受惊，立即下沉到水底层，隔一段时间，又重新摆动身体，浮游近水面。投喂孑孓前要用清水将其洗净。

蝇蛆之幼虫称为蛆，白色，无足，身体柔软，孳生于粪便和垃圾等污物中。蛆的营养丰富，为大型观赏鱼的优质饵料。喂前须漂洗干净，严防污染水体。目前市场出售的蛆多为人工培育。

蚕蛹含丰富的蛋白质和脂肪，也是一种优质饵料，但容易败坏水质，通常将蚕蛹经脱脂处理，磨成粉末，制成颗粒，这样不易腐坏变质，可保存较长时间。

丰年虫是海水性浮游生物，是中大型鱼类理想的饵料。目前，丰年虫已可人工繁殖。在饲养观赏鱼时，可以去市场购买，也可以自己养殖。养殖用水应用1%的人工海水，在水温25℃时，丰年虫很容易繁殖。投喂丰年虫时可用吸管吸入，注入水族箱中即可。

⑤其他动物性饵料　包括猪肝、牛肝、鱼虾肉、蛋黄等，煮熟、剁碎后都可以作为大型观赏鱼的动物性饵料。它们价格低廉，营养丰富，含有蛋白质、维生素和微量元素铁、锌、钙等，能满足观赏鱼的营养需求。需要注意的是，这些饵料容易破坏水质，一般只作辅助性饵料投喂。

（2）植物性饵料

天然藻类、蔬菜叶、面条、米饭、无油脂糕点、面包屑、饼干、麸皮、米糠等，这些饵料除含有蛋白质等营养成分外，还含有丰富的维生素和纤维素。对于植食性的观赏鱼，植物饵料是必不可缺的食物；对于杂食性观赏鱼，适量投喂一些植物饵料，对其生长和性腺发育将会起到良好的作用。

（3）人工合成饵料

可因地制宜、就地取材合成。例如：麸皮60%～70%，鱼粉30%～40%，加维生素、无机盐和适量的黏合剂混合搅拌均匀后，放笼屉内蒸20分钟，取出后用绞肉机绞成适当大小的颗粒，晒干即成。有的用脱脂蚕蛹粉30%、大麦粉60%、鱼粉10%，另加多种维生素、酵母粉、盐，搅拌成混合粉，再加入黏合剂（化学糨糊或榆树粉），并加适量冷水，使粉剂可捏成团为度，再经绞肉机加工成颗粒状，晒干保存，随取随用。

人工合成饵料，因颗粒大小不匀，喂食时易沉于水底，鱼吃不完会腐败水体，故需按需要控制投喂量。若能将人工合成饵料加工成膨化颗粒，使饵料坚而不硬，密而不沉，松而不散，具有浮力，能让饵料漂浮水面任鱼取食，吃不了可打扫干净，就可保证水体清洁。

活饵料有什么特点?

活的天然饵料是观赏鱼类原有的食物来源，营养全面，适口性好，易消化，有利于促进观赏鱼的性腺发育。而且活的天然饵料也是大多数观赏鱼稚鱼必备的开口饵料。

但天然活饵料的来源往往由于气候变化、季节的关系，数量不能保证，饲养场所的地理位置、饵料的培育、市场供应状况等因素，使天然饵料不能长期、定时、定量获取，而且不易储存，若供应不上，直接影响观赏鱼的正常生产。

什么是“洄水”？“洄水”能人工培养吗?

在观赏鱼的养殖中，人们常常提及“洄水”。所谓“洄水”，是指自然界中湖泊、坑塘里富有大量草履虫的水体。因草履虫大量繁殖时，在水层中呈灰白色云雾状飘动回荡，故称这种水为“洄水”。“洄水”的主要成分是草履虫、轮虫，以及一些大型浮游动物幼体。4～5月捞到的“洄水”呈棕黄色，以带卵的轮虫为主要成分，夏季以后捞到的“洄水”多呈灰白色，以草履虫为主要成分。它是孵出不久刚开食幼鱼的必要饵料。不少观赏鱼爱好者在繁殖卵生热带鱼时，常常因为捞不到“洄水”，致使幼鱼大量死亡。为了帮助观赏鱼养殖爱好者解决“洄水”问题，现介绍一种简易的“洄水”人工培养法。

草履虫系原生动物中大型纤毛虫类，体长0.15～0.30毫米，通常大量生活在腐殖质丰富的天然水域中，最适宜温度是24～28℃，性喜阳光。家庭培养“洄水”并不复杂：取稻草100克左右，稻草绳约200克，剪成长3厘米左右的若干小段置于玻璃缸中，加水约7升，取少量自然界中的“洄水”作种源，倒入缸中，然后置于阳光充足的地方，在20℃左右的水温中培养6～7天后，就有大量草履虫出现。此时，应当每天连水捞去一部分草履虫喂鱼，如不及时捞取，第二天便会大量死亡，所以要每天捞出1/3～1/2，同时适量补充新水，并加入稻草继续培养，这样就可每天捞取活饵喂鱼了。但人工培育的“洄水”一般营养成分比较单调，长期喂鱼会降低幼鱼的质量和成活率。如用蛋黄或天然“洄水”配合喂养，效果更好。

怎样捕捞与保存鱼虫？

每年4～9月为鱼虫的繁殖旺季，特别在5～7月间，江河、湖塘、水坑中更为多见。根据鱼虫（蚤类）缺氧上浮、日出后氧气充足而下沉的生活特性，黎明或傍晚外出捕捞最为合适。如遇闷热天气，白天亦有大量鱼虫上浮。若水面鱼虫呈棕红色网状分布，说明鱼虫数量较多，可用长柄捕饵网捕捞。捕捞时，捕饵网要紧贴水面左右摆动，吃水不能太深，动作应轻快敏捷，避免用力过猛冲散鱼虫群。

冬季鱼虫繁殖量减少，由于气温降低，鱼虫潜入水底越冬，捕捞时需加长网柄，深入到水的中下层，沿圆圈形走向来回捕捞。捕捞时要注意水色、风向和水流方向，一般在下风和水流下游避风处鱼虫多；水体污染严重，水色浑浊呈酱色、黑色处，鱼虫比较少。

鱼虫捞回后，要清洗干净才可喂鱼，以免将天然水域中的敌害生物及致病细菌带入鱼池（缸）。清洗的方法是：将捞回的鱼虫立即倒入盛有清水的缸内，接着用大布兜子将鱼虫捞至另一清水缸内，如此反复3～4次，待所有和鱼虫混杂一起的污泥浊水清洗干净，鱼虫的颜色也由刚捞回时的酱紫色变为鲜红色时，才可以用来喂鱼。过滤清洗鱼虫时，要把活鱼虫和死鱼虫分开，即在清洗时注意死活鱼虫的分层现象，因绝大部分活鱼虫均浮游在水的表层，而死鱼虫沉在缸底。第一次过滤清洗时，便要将两者分开，分别清洗干净。刚死的鱼虫尚新鲜，可用来喂一般品种的鱼，但决不要用来喂珍贵品种的鱼。

为使观赏鱼经常能吃到活鱼虫，减少捕捞次数，可将捕回的鱼虫稀释分养在盛有熟水的缸盆内，每天换水1～2次，一般夏天可保存1～2天不死亡，冬天可保存3～4天不死亡。另外，水蚤、红虫也可用冷冻法保鲜，即将洗净的水蚤或红虫用塑料袋卷成棒状，粗细在1～2厘米之间，放入冰箱速冻即可。冷冻水蚤的保存期不宜超过40天，而红虫冷冻后可保存6个月左右。取用时，可根据用量取一段解冻后喂鱼。在鱼虫繁殖旺盛期，鱼虫捕获量如果很大，一时用不了，可将网袋内水沥干，把鱼虫撒在水泥地坪或玻璃板上，摊匀，在阳光下曝晒，数小时后可变为鱼虫干。然后将鱼虫干装入塑料袋内保存，严防霉烂，也可放入冰箱内冷冻保存。

枝角类鱼虫（水蚤）可以人工培育吗?

枝角类鱼虫是成年观赏鱼喜欢吃的最佳饵料之一。枝角类主要指隆线蚤、长刺蚤、秀体蚤、象鼻蚤、大型蚤等一二十种蚤类。各种水蚤均可人工培养，规模可视家庭具体条件而定。

（1）小规模培养

一般家庭可用缸、盆、桶等做培养器具。例如，直径85厘米的器皿，底部需垫6～7厘米厚的肥土，注入八成满的自来水，再倒入适量淘米水、豆浆残液、尿水等，放置4～6天，让水中细菌大量繁殖。然后用鱼虫网从池塘中捞取少量水蚤作为种源，放入容器皿中。水蚤以细菌为食，将培养盆置于阳光下，使水温保持在18～25℃，pH值为7～8.5，数天后就有大量水蚤生成。当水蚤大量繁殖后，便可以将其分散培养，以免因密度过大而影响生长。或水蚤密度大后即时捞取，并继续增补肥液让水蚤繁殖。如此培养的水蚤又红又肥，若在喂鱼前1～2天改以煮熟的卵黄喂饲，可使其体色由红转为乳白略黄，表示水蚤体内充满了卵黄，此时的水蚤所含的蛋白质非常高。

（2）大规模培养

此法适用于观赏鱼养殖场。因为生产商品性观赏鱼时，需要枝角类虫鱼的数量较大，宜用土池或水泥池培养。面积大小可视需要而定，但每个培养池的深度要达到0.8～1米，面积为8～10平方米。注水约六成满，按每立方米水中投入沃土2千克和畜粪约1.5千克（基肥）的比例调配水，土壤有调节肥力的作用，同时还能补充一些微量元素。基肥可以用畜肥与稻草、植物茎叶混合成堆肥制成。施基肥后，捞去水面渣屑，将池水曝晒2～3天，使菌类和单细胞藻类大量孳生，然后按每立方米水接种水蚤种30～40克，接种后注意及时追肥，经5～7天培养，即可每隔1～2天捞取10%～20%喂鱼。捞取鱼虫后，应及时添加新水或施追肥。追肥的数量与间隔时间，可根据水色而定，一般池水以黄褐色为宜，水色过清，应多追肥，如水色为深褐色或黑色，可以少追肥或不追肥。

人工饵料有什么优点?

随着观赏鱼养殖业的发展，在不能长期、定时、定量获取天然饵料的情况下，专供观赏鱼的人工配合饵料应运而生，且越来越受观赏鱼爱好者欢迎。配合饵料种类繁多，人们可以根据饲养对象进行选择。用配合饵料喂养观赏鱼，主要优点有：

一是，获取、保存方便，不受饲养场所、季节变化的影响，可根据所养观赏鱼的数量进行购买，且使用简单、方便。

二是，可根据饲养对象的种类、食性、个体大小及对营养物质的要求，配制成不同品种、不同剂型，使饵料的营养成分组成适合不同饲养对象以及不同生长期的需求。

三是，配合饵料清洁、卫生，含菌量低，且不易溶于水，故水族箱中的残食容易被饲养者及时发现和清除，以保证水体不被污染。

四是，降低饲养成本。因为配合饵料使用的都是价格低廉的原料，且对观赏鱼有很好的饱腹性。

五是，在制作配合饵料时，可添加一些诱食剂、增色剂或防病药物，增加观赏鱼的食欲，有利于鱼病的防治，提高其成活率。

怎样给鱼儿合理配食?

根据观赏鱼在不同生长发育阶段对营养的需求，适时地调整饵料的种类、数量，保证饵料的长期稳定供应，有益于观赏鱼的吸收消化和生长发育，有利于养育出体态健美、色泽鲜艳、形态活泼的观赏鱼。

在前面已经谈到，活的天然饵料虽是观赏鱼好的食物，但其来源往往由于气候、季节的关系而不能保证。再说，现代都市人非常忙碌，每天为观赏鱼采购活鱼饵似乎不太可能，为了方便只有在市场上购买人工制作的饵料。但不同品牌的人工饵料，营养的侧重点不同，会存在某种营养缺乏的现象，若鱼儿长期食用一种品牌的人工饵料会引起营养不良，所以应经常更换，或几种品牌的人工饵料搭配投喂。与此同时，最好每10天左右投喂一次适量的鲜活饵料或冷冻的活饵料，这样方能保证观赏鱼的活泼、健康。

观赏鱼大都是以动物性饵料为主的杂食性鱼类。植物性饵料在饲养中究竟占有多大的比例才适宜？动物、植物性饵料的合理配比是多少？通过实验得出的结论是：动物性饵料占75%左右，植物性饵料占25%左右。用按此比例制作的饵料喂养，观赏鱼生长快，体质好，疾病少，能够正常繁殖后代。

可以作为观赏鱼补充维生素的植物性饵料有菠菜、青菜、小麦芽、面条、米饭、面包等。在喂食前，由于蔬菜可能带有农药成分，所以应把蔬菜漂洗干净，切碎后再进行喂食。

外出旅游时观赏鱼无人照顾怎么办?

饲养者外出旅游或因事出差这是常有的事，观赏鱼无人照顾怎么办?

首先，在外出前对水族箱进行一次必要的清洁，将其中的卵石、水草、过滤器等彻底清理妥当，吸出污物，并换入1/4的等温新水，停止喂食，再检查过滤器、电源等有无问题，一切处理妥当后，你就可放心于做自己的事情了。当然，在你不在家的这段时间里千万不要断电，否则，过滤器、增氧泵、加热棒等设备会因为断电而停止工作，时间长了，必然会影响鱼儿的健康。有人要问，鱼会不会饿死?您不必担心，因为鱼（成鱼）有较强的耐饥饿性，即使你外出半个月，不投食，鱼也不会饿死。

初养观赏鱼的人，往往舍不得鱼儿挨饿，在临走前一定要好好投喂一次，一次喂上几天的饵料量。结果，回来一看，鱼儿全都死光了。这是因为鱼儿十分贪食，一下子吃得过饱，特别是干性饵料，事先也未经水浸泡，就直接投喂，鱼儿见食拼命抢吞，我们知道，干性饵料吸水后体积是会膨胀的，这样就容易出现过饱的状态。再就是，鱼儿不可能在1天内将几天的饵料全部吃掉，如果临行前投得过多，而过剩的饵料与鱼的粪便等腐烂分解，会产生有毒物质，严重败坏水体，造成鱼儿缺氧，久浮脱力而死。这就是养鱼行家们常说的“鱼儿十饿九不死，过饱易丧生”经验谈。当然，对于幼鱼最好不要让其长时间挨饿，否则会长不大、长不肥。

阅读延伸

给金鱼喂食要注意些什么?

饲喂金鱼的饵料量要根据金鱼的大小、品种、当时季节、水的温度等情况而定。最值得注意的是喂食不能过量，金鱼进食过量会造成腹胀而死亡。另外，吃不完的剩余饵料会严重污染水体，妨碍金鱼生长发育。

饲喂时，要看气候、温度情况，春秋两季气候凉爽、水温适中，可稍多喂些；盛夏和寒冬，金鱼食欲较差，宜少喂些。若夏季气温高达38℃时，金鱼会出现厌食现象，这时只要稍微喂一些就行了。喂食的次数没有严格的限制，如果饲养者比较忙，每日喂1次也可以，如果有充分的休闲时间，可分作3次喂。投喂时可先投入一小部分饵料进行观察，若发现金鱼对食物不太感兴趣，则以后就不宜多喂（很可能是金鱼有病，应引起注意，继续观察）；若投食后金鱼十分活跃，吃食很快，则继续喂食，这样做可以不喂过量，避免剩余食物污染水体。

喂食时间并无严格要求，若分几次喂食的，一般早晨可稍多些，中午及下午气温较高，则少喂些，傍晚不可多喂，可少喂或不喂。总之要注意观察上次喂的食物是否吃完，若上次喂的食物有剩余，则下次就宜少喂或者不喂。

饲养金鱼有哪些可用的饵料?

因为金鱼是杂食性鱼类，所以可供饲喂金鱼的饵料很多，如麸皮、面包屑、植物的种子、切细的水草，以及小昆虫、鱼粉、切碎的鱼虾肉或动物的内脏等。为了

把金鱼饲养得健康壮实、体色艳丽，还是应以动物性饵料为主。

常用的动物性饵料很多，如水蚤（俗称红虫）、跳水蚤（又称青虫）、蚯蚓、孑孓、螺肉、虾肉、各种动物肝脏的碎末、鱼粉和蛋黄粉等，其中，金鱼最喜爱食用的是水蚤。常用的植物饵料有各种浮游藻类（硅藻、黄藻、青藻、蓝藻、绿藻等）以及面条、米饭、面包、蛋糕、粉丝等，需要注意的是，不能长期用纯植物性饵料喂养，否则，金鱼会出现各种营养不良的症状。

寒冬季节适宜给金鱼喂什么饵料?

冬天由于天冷，活性的饵料难以得到，只好改用人吃的食物如米饭粒、面包屑、馒头屑、饼干屑等，最好能经常喂些鱼虫干（出售金鱼的商店或摊子上有售）。若喂米饭应将其碾碎，其他食品要用温水浸泡一会儿后捞出沥干水再投喂。此外，为了给金鱼增加营养，也可用些熟猪肝、熟鸡蛋的碎屑，或观赏鱼的人工颗粒状、片状饵料。如有备用的鱼虾肉、螺蛳虫或红蚯蚓等，可将它们剪成碎粒后投食，则更好。

需要注意的是，投饵宜在中午前后进行。若水温低于7℃可隔日投喂，以免浪费饵料或败坏水质。北方室内越冬的金鱼，最好将室温控制在7℃以上，让金鱼有觅食活动的能力。投饵可隔日或3日进行1次。若室内水温低于5℃以下，金鱼长期得不到营养补充，待春天移至室外后，体质极为虚弱，会导致金鱼的死亡。

喂养幼鱼要做些什么工作?

喂养幼鱼，要根据其不同的成长阶段作不同的喂养。饲养者一般把幼鱼的成长发育分成稚鱼、裂肚和封肚3个阶段。

（1）稚鱼阶段

刚孵育出的稚鱼细小而透明，如一根针，看不出鱼鳍，只能看出眼睛部位有两个黑点。这些细小的稚鱼往往把头靠在缸或池的壁上，附在水草边栖息着，若感觉到震动，会惊恐地跳跃状地一阵骚动，然后又安静下来恢复原状。这时它们还不能游动觅食，只能靠吸收卵黄中的营养物质来维持生命。

5天后，它们逐渐有了活动的能力，开始离开原来附着的缸壁或水草，在附近水域中游动寻找细微的食物。这时稚鱼还太小，还不能吃水中生活的水蚤，饲养者应喂些蛋黄水（将煮熟后的鸡蛋黄碾碎，用纱布包裹起来捻挤出稀粉水）。若看到稚鱼的腹部显露出淡黄或粉红色，就说明已经吃饱了。

集鱼卵的水草，时间长了会腐烂，污染水体，所以在稚鱼生长到10余天后，就要把水草取出弃去，但取时要注意，先把水草逐株在水中晃动，让附在草上的稚鱼有一部分落入水中，再将水草放入清水中并晃动，使水草中的稚鱼离开水草，然后把草取出丢弃，最后将稚鱼用汤匙带水舀入原缸水中去。在这个阶段，有三件事值得注意：一是遇到阳光强烈的天气，水面上应放几根新鲜干净的水草，以遮盖烈日照射；二是放养稚鱼的密度不能太大，如稚鱼多，要增加鱼缸，以防造成“闷缸”，导致稚鱼死亡；三是如果在室外鱼池中饲养，要特别注意雷暴雨天气，遇有这种天气，要预先将鱼池遮盖起来，避免水面受到剧烈震动，使稚鱼受损，造成发育畸形。

（2）裂肚阶段

生长到半个月以后，稚鱼会出现一些明显的变化：鱼的尾鳍开始分开成叉状；鱼的腹部出现一条明显的裂缝，内腹的脏器清晰可见。这时的鱼体大约已生长至1厘米的长度，其消化能力和活动能力都明显增强，已经可以吃食细小的虫类，这时已可喂给小型的水蚤。但要注意的是，当饵料不足时，有时会出现大鱼吃小鱼的现象，因此要将较大的鱼和幼小的鱼分开来饲养。由于鱼体逐渐长大，造成饲养密度增加，要陆续增加饲养的容器，以降低密度。同时，因为鱼体日渐长大，水中的溶氧量很容易出现不足，需注意经常保持水清氧足。

（3）封肚阶段

当鱼苗养到将近1个月时，鱼体的长度已达到或超过2

厘米，原来腹部裂开的部分已经闭合起来。这时鱼体各部分的鱼鳍都已完全发育，鱼已能自由游动，换水的工作变得十分重要，换水时要注意，换进去的新水温度要和老水的温度差不多，其温差不能大于0.5℃，否则容易引起鱼苗感冒，甚至死亡。随着鱼体的长大，饲养密度要继续降低，每隔几天就要换一次水，且水的温差不能超过1℃，饵料也要相应增加。

鱼苗养到一个月以后，其体长已接近3厘米，鱼体已显得光滑丰满，全身各部分的器官已经基本显现，这时，就可以把优良品种留下来，淘汰那些特点不明显的小鱼。

第五章 鱼儿的安乐窝

饲养观赏鱼的传统容器有哪些？如何选择？

我国传统的观赏鱼养殖容器一般由泥、陶、瓷、木等材料制成，有黄沙缸、瓦缸、陶缸、瓷缸、木盆、水泥池等，可归纳为缸、盆、池三大类。

（1）沙缸

也叫黄沙缸，由黏土烧制而成。口大底尖，缸壁通透性好，便于吸热散热，注水养鱼，水面接触空气面大，受光面也大。缸体可大半个埋入地下，冬暖夏凉，水温适宜，是我国南方城镇普遍使用的观赏鱼养殖容器。但新买来的沙缸不能立即养鱼，因其是烧制品，缸的燥热之气未除，易致观赏鱼伤身，必须用水浸泡1个月后才能使用。

（2）泥缸

也叫泥瓦缸。外形似平鼓状，内外较光滑细腻，由于缸体内外无釉彩，故通透性很好，适合饲养中小型观赏鱼和苗鱼。

（3）陶缸

也叫瓦盆、瓦缸，用陶土烧制而成，常用的有酱缸、荷花缸两类，多为江苏宜兴产。

酱缸　该缸是民间晒制酱面用的盛器，外形特征：缸口大（直径约80厘米），似浅盆，外表饰有花纹，涂釉，内壁有的涂釉，故通气性较差，但也有少量的内外壁未上釉的。酱缸一般较小，适合家庭少量养殖观赏鱼或作亲鱼产卵用。

荷花缸　此缸是家庭种植观赏荷花用的器具，缸体外观雅致，缸口直径略大于缸的深度，缸壁较厚实，保温性好，有圆形和椭圆形等形状。该缸虽上釉，但釉层不厚，尚有一定的通气性，有利于水质的转化。用此缸养鱼，时间长了，内壁会长青苔等苔藓植物，通过光合作用，可增加水中含氧量，吸收一些有毒物质，有利于观赏鱼的生长发育。

（4）瓷缸

用瓷土烧制而成，江西景德镇出产。外形似鼓状，上有釉彩，饰有各种龙凤走兽或花鸟图案，精细雅致，美观大方，适合宴会厅、客厅摆设，少量、短期养鱼数尾，鱼游水清，此动彼静，沉浮自如。因缸价格昂贵，且通透性差，故不宜将观赏鱼长期饲养在瓷缸内。

（5）木盆

用黄柏木制作，北方称“木海”，南方则称“澡盆”。多为圆形，一般直径180厘米，深35厘米，也可根据实际需要制作。该盆通透性好，藻类繁衍迅速，利于溶氧和水体的转化澄清，特别适宜养殖一些较珍贵观赏鱼的亲鱼，是观赏鱼繁育期间普遍使用的一种容器。

（6）水池

用砖块和水泥砌成，池底可适当向中央或一边倾斜一些，并安装排水管，为防止渗漏，水泥要抹面3～4层。水池如建在室外，应选背风向阳的地方；如建在室内，则应考虑通风和照明。面积可根据需要和条件设计，一般面积在1～2平方米，池壁高在30～40厘米。

新建好的水池，不能立即用来养鱼，因水泥中含有相当数量的碱性盐类，不除掉这些物质，日后溶解于水中，不利于观赏鱼生长发育。可用千分之一的磷酸溶液或盐酸溶液来浸泡水池，12小时后放出这些溶液，再用清水彻底浸泡几天，然后冲干净才能使用。

水泥池具有阳光充足、溶氧迅速、活动余地大的优点，便于大量饲养各种观赏鱼，同时适宜饲育品种鱼和作亲鱼产卵、孵化的场所。室外水池，夏季应备草帘遮阴，防强阳光直晒；冬季鱼移室内过冬后，水池中的水应排净，以防池内有水结冰，冻裂水池。

什么是水族箱？其类型、款式有哪些？

水族箱最初是饲养水生动物、植物且仅作为科学研究之用，至今已有140多年的历史，这与当今水族箱的意义有很大的区别。如今水族箱的主要作用是供人观赏，要具备接近自然的、平衡的生态环境。与传统的水盆、水缸饲育观赏鱼不同的是：水族箱需要有一套起着物理和生化过滤作用的设备，饲养的生物品种要平衡。运转良好的水族箱需要有一定的技术和必要的添加物支持才能保持其生态系统平衡。因此说，水族箱是一种人工生态系统。

随着我国观赏鱼行业的发展，目前市场上水族箱的种类、款式很多。依制造材料的不同，水族箱可分为塑料水族箱、玻璃水族箱、钢化玻璃水族箱（又称亚克力水族箱）、有机玻璃水族箱和特殊玻璃水族箱等多种。

水族箱的款式从形状来讲有：长方形、扁圆形、六角形、高脚酒杯形等；从安放位置来讲有：悬吊式水族箱、壁挂式水族箱、坐卧式水族箱和壁橱式水族箱等。

现将常见的水族箱介绍如下：

（1）长方形水族箱

这是一种广泛受欢迎、普遍被采用的水族箱。这种水族箱有很多优点：首先，取材容易，制作方便，手边只要有适当厚度的平板玻璃或有机玻璃、黏合剂，就可动手自己制作了。水族箱可大可小，尺寸由自己定。长方形水族箱在市场上也容易买到。其次，箱中易于置景，便于观赏，可以一目了然地看到观赏鱼的活动情况和水中景色。

（2）扁圆形水族箱

这实际是一种用玻璃吹制而成的玻璃缸，市场上容易买到，价格也不贵。优点有二，一是重量较轻，家具、书桌不至于长期受压而变形；二是小巧玲珑，适宜饲养少量小型观赏鱼，加上四壁透明，内中放上一些雨花石，摆放在书桌或茶几上，典雅、美观，很富观赏性。

（3）壁橱式水族箱

这是长方形水族箱镶嵌于墙壁或书橱里所构成的，占地少，装饰性强，好像一幅活动的壁画。

（4）空中吊篮式水族箱

这是用绳索将圆形、扁圆形玻璃缸悬挂而成的。外面再配以适当的花草，就像一个空中花篮，既可平视，又可仰视，别有情趣。

（5）壁挂式水族箱

这是市场上新出现的一种有专利发明权的水族箱，就像壁挂式空调一样，能很方便地挂在墙壁上，很是新颖别致。

怎样制作水族箱？

（1）制作水族箱要注重牢固

水族箱的牢固程度极为重要。因此，采购制作水族箱所需的各种材料，必须作周密的思考和设计，只有做到这一点，才能达到水族箱安全、耐用的要求。

玻璃是制作水族箱主要材料，因此，水族箱的牢固度，实际上就是玻璃质量和厚度能否合乎制作水族箱的要求，玻璃的质量是最重要的。另外就是要掌握多大的水族箱应

采用多厚的玻璃，玻璃厚度的大小，不仅关系到水族箱箱壁的牢固度，而且因为玻璃越厚，其利用胶水胶合的面积越大，因而其牢固度也就越高。

关于玻璃的厚度，一般的原则是，水族箱的体积越大，玻璃的厚度也相应要求越厚。100千克水容量以下的小型水族箱，可用5毫米厚度的玻璃；200～300千克水容量的中型水族箱，需用8毫米厚度的玻璃；800～1 000千克的大型水族箱，需用12毫米厚度的玻璃。从安全可靠的角度着眼，即使制作最小型的水族箱，如10～20千克水容量的水族箱，也应采用不小于4毫米厚度的玻璃。

在水族箱的制作中，还有一个重要的问题，那就是如何恰当地掌握水族箱的长度、高度和宽度的合理比例。

对水族箱有几个要求：一是要有可靠的牢固度和耐用度；二是外观要漂亮；三是便于饲养人员的操作。因此，设计水族箱的长、宽、高的比例时，必须充分地考虑到这三方面的要求。水族箱长、高、宽通常的比例是：小型水族箱高度为长度的1/3～2/5，宽度为长度的3/7～4/7，但大型水族箱的长度可以有较大的放长，宽度也可相应放宽，但高度则应加以控制，不一定按照比例提高，因为要照顾到饲养者操作的方便。例如：长度为200厘米的大型水族箱，其宽度可以拓展为70～80厘米，但高度仍不宜超过65厘米。至于长度超过200厘米的水族箱，属于专业饲养部门的特大型水族箱，其制作有较大难度，技术要求很高，应委请专业人员进行设计、选材和制作，以保证安全。

（2）传统水族箱框架的制作

水族箱有两种，一种是按传统的方法用框架制作的；另一种是全部用玻璃胶合而成的。换一种说法，就是一种是有框架制作，另一种是无框架制作。传统框架水族箱要用角铁或铜、铝等金属条预先焊接或铆合成牢固的框架，然后用油灰和石棉、漆混合制成的黏合剂，将玻璃粘牢在金属框架上制成。

制作框架用的金属材料宜用白铁皮、角铁等，只有最小型的水族箱，往往只有0.2立方米的容量，用白铁皮焊接成框就足够坚固了。0.5～1立方米水容量的水族箱框架需用2厘米×2厘米的角铁； 再大号的的水族箱为了保证安全，其框架则需用2.5厘米×2.5厘米，甚至更大号的角铁，才能保证牢固可靠。

玻璃的厚度要根据水族箱的大小而定，通常的做法是：最小型的水族箱，用3毫米厚度的玻璃即可；中型的水族箱，其大小也是多种多样的，若用“中小”“中中”“中大”3个型号来表示，则“中小”型号的用5～8毫米；“中中”型号的，用7～9毫米的；“中大”型号的，需10～12毫米厚度的玻璃。而特大型号的水族箱，则需用两层玻璃黏合在一起，成为双层玻璃，其厚度可达20毫米以上，黏合成功后，还要再经过压力机作耐压试验后方可使用。这样做是为了让特大型的水族箱更加安全可靠，避免在使用过程中出现破裂，造成巨大的损失。

黏合玻璃和框架的黏合剂，系用船用的桐油油灰和石棉漆混和制成。在玻璃嵌入框架前需先将石棉漆加热，使其软化成胶水状的黏液，将其与桐油油灰拌合，再用锤反复捶捣，直至捶成极有弹性为止，然后将其均匀地按在框架下方的内壁上。待框架底部四边内壁都按上一层这种黏胶后，再将铁板或底板玻璃嵌入，使之与框架牢牢黏合。

底板嵌入并完成黏合操作后，继续用上述方法将制成的黏胶抹匀在框架的四个竖立的角铁内壁上，嵌上四边的玻璃，用手指作适当按压，最后对边角黏合处作些修补清理工作，刮去多余的黏合剂，即基本告成。制作完成后，即放水入箱，检查是否有渗漏，若有渗漏，需及时修补。试漏的水不必倒掉，可让其浸泡3~5天，待油漆味退尽后方可养鱼。

经济条件好的饲养者可将金属框架进行抛光处理，镀成银色或金色，使框架显得富丽堂皇，气派非凡。

（3）全玻璃水族箱的制作

全玻璃水族箱不需要金属框架，其使用的材料仅玻璃和黏合剂两样。不过对黏合这种水族箱的黏合剂有较高的需求，早先用的都是进口的工程用硅胶，其质量很好，但价格也很昂贵，如今都用国产的硅胶。我国生产的高质量环氧树脂以及一种叫硅胶膏的也能使用，其质量不亚于进口产品，牢固度也能使人放心。

制作的操作程序是：先要把底板、两侧及前、后等5块玻璃按照预定的尺寸裁割好，再将每块玻璃边沿的锋利处用粗砂轮石锉磨一番，然后用干净抹布将其一一擦拭，特别是玻璃块的边沿要擦拭干净（若稍有灰尘或油渍等污物就会影响黏接牢度）。随后开始黏合操作。

将黏合胶装入胶枪，在胶的出口处

用利刀斜削成一个斜面小孔，将胶沿着底板玻璃的四周边缘注满，再将前侧、后侧两块玻璃的三面边缘注上黏胶，接着把两侧两块玻璃也沿三方沿口注上黏胶。嵌装时，最好再请一人帮忙，先将前后两块玻璃竖立粘固在底板玻璃的两端，扶稳，再由另一个人将两块侧面玻璃也竖嵌在底板两边沿上，并使前后两块与两侧两块玻璃的竖边也全部黏合固定，最后用胶带围绕着将整个水族箱加以固定。

黏合工序完成后，小型水族箱隔2天，中型水族箱隔3～4天，特大型水族箱隔1周后，将不必要的和误粘上去的胶水痕迹刮除干净，即可放水进入箱内，若发现渗漏可及时修补，未发现渗漏时，让水浸泡2～3天后即可养鱼。

最近，市场上又出现一种塑料框架的水族箱，这种水族箱由于不需要笨重的角铁作材料，可以免去焊接等十分困难的制作过程，而且轻便，便于移动，今后必将受到广大鱼类饲养者的欢迎。

怎样建造家庭鱼池？

家庭建造饲养鱼池，由于受条件限制，不论鱼池的大小、形状、方向均要因地制宜，不必过分强求太高的标准。用水泥、标准砖砌筑即可，高度一般以30～50厘米为好。砌池时，池底可略呈凹形或向一侧倾斜，在最低处安装直径不小于4厘米的塑料管以便排水。当然水池越大，排水管的直径也要相应扩大。

家住楼上者，可在朝南的阳台上用水泥和标准砖砌筑双层饲养鱼池，以减少占地面积。上层鱼池要比下层鱼池小1/3～1/2，呈阶梯状，每池高度控制在50厘米以内，两层池子之间以支柱支撑，留有空间，既便于观察，又便于管理。两层鱼池均可养鱼，若将上层鱼池改作蓄水池，池底排水处放置活性炭、沙石等过滤材料，定时将下层鱼池水引入上层过滤池，再让水慢慢下流，可起到澄清水体，增加水中含氧量，有助于鱼的生长作用。

新砌好的水泥池，不能马上用于养鱼，因水泥中所含的各种碱性盐类，仍会向水中溶解，所以必须先放水注满鱼池，隔一段日子把水放掉，这样反复多次，将水泥壁中的大部分碱性盐类除去，方可放水养鱼。

饲养观赏鱼要准备哪些常用工具？

（1）捞鱼虫网

网圈直径多为45厘米左右，上罩一层窗纱或网眼小于0.5厘米的布罩，下装透水性强的涤纶布或尼龙布或蚊帐布，做成圆筒喇叭状（一般夏季网筒长为60～140厘米，冬季长为200厘米），用铁丝绑在网架上。自制捞鱼虫网最简易的办法是，利用女士们穿的高筒高弹性丝袜，剪掉袜跟以下部分，剪口用绳扎紧，将另一头张大绑到粗铁丝圈上即可。

（2）选鱼网

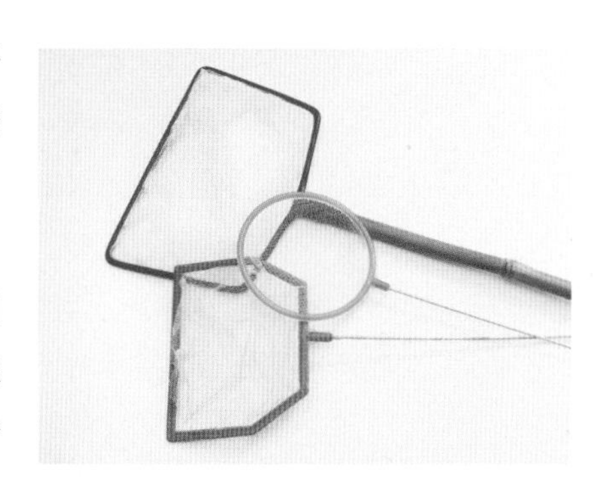

观赏鱼在尚未封肚的鱼苗期，好似一根纤细的银针，对水体的振动及离水尤为敏感，捞选时需使用汤匙或蚌壳，带水捞选。

当鱼苗封肚后，其内脏各器官发育俱全，对水环境具有一定的适应力，捞选时可短时间离水，选鱼网的直径以4～6厘米为宜，可用珠罗纱网布配上竹、木制网柄，轻巧玲珑，便于操作。

（3）捞鱼网

分捞大鱼网和捞小鱼网两种，是养鱼过程中使用最频繁的工具。捞大鱼网口和网眼可大些，一般网口为35厘米左右。捞小鱼网的网口为15厘米左右。网具一般选用质地柔软、透水性好的尼龙布、蚊帐布或纱布均可。

（4）鱼盆

是在换水、倒池子和挑选鱼苗时用的，多用搪瓷盆代之。鱼盆的颜色以白色为佳，用白色鱼盆选鱼，便于观察，留优去劣。

（5）玻璃吸管和塑料管

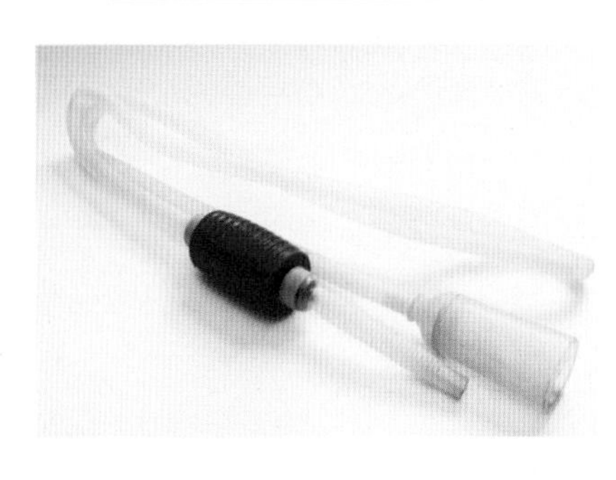

玻璃吸管对小型水族箱特别适用，可随时用它吸出鱼的粪、残饵等污物。塑料管的直径约1厘米，长度视实际需要而定，一般1～2米长即够用。可利用虹吸作用，把水族箱底部沉积的鱼粪、残渣等污物及时吸出，也可用它慢慢往水族箱添注新水，延长换水的间隔时间，达到省工、省时、省水的目的。

（6）贮水容器

塑料桶、铝桶、木桶均可，以专用为宜，供晾水用。

什么是增氧泵？有哪些类型？

增氧泵又称打气机、空气泵，是水族箱养鱼的专用设备，市场上有售。增氧泵可不断地将空气经压缩管，通过沙滤层送入水中，当气体通过水体时，气体中的氧气因压力关系溶解于水，增加了水中氧的含量，同时还可把水体里的二氧化碳随小气泡上升带出水面。

近年来，我国市场上出现了多种多样的增氧泵类型，其功率小至2～5瓦，大至几百瓦；有一二个出气孔的，也有多达几十个出气孔的；有的还可分叉拖带多达数十个增氧头，其品种之多，难以确切计数。

家庭饲养观赏鱼，大多数只养少量的3～5尾或包括各个品种的十多尾，如果只有一个水族箱或鱼缸、鱼池，只要买单孔或双孔的就够了。当然，也有人养3～5个缸的，那也只要买上几个单孔或双孔的就行，最好不要买多孔的，因为多买几个单孔的，可以灵活机动些，万一出了故障需要修理，不至于影响其余几个缸的增氧需要。

选购增氧泵时需注意哪些要点?

选购增氧泵必须注意的要点有：

（1）要认真看看线头是否接合牢固，会不会脱落，会不会在使用中出现漏气或漏电等毛病。

（2）要试试出气量的大小，以出气量较大些的为好。

（3）要开动时听听其发出的声音，不宜选噪声太大的，应选噪声小而运转轻松快速的。

（4）要检查一下泵体各处的外壳是否有破裂损伤之处。

（5）要试拨一下快档和慢档，看看二档之间差别有多大，应选差别较大且灵敏度强的。

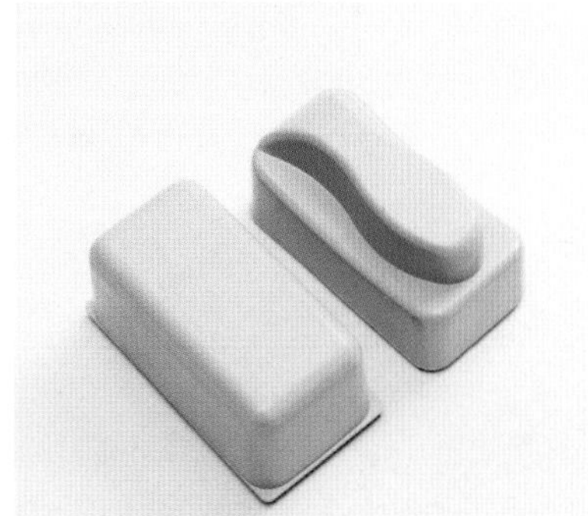

（6）要检查一下有无产品合格证，是否注明有正式的生产厂家，最好是著名厂家的产品。

如何保证增氧泵常用不坏?

要使增氧泵通气无阻，使用寿命很长，那就要注意做到以下两点：一是要懂得正确的使用方法，二是要经常采取措施加以保护。其具

体要点有：

一是家庭养鱼使用的小型增氧泵，要避免将其挂在容易传热、导电和容易燃烧的物体上。

二是在室内上方安放增氧泵时，应在泵的下面垫置一块硬质的泡沫塑料板。这样做有两方面的作用：一是降低增氧泵工作时的噪声；二是减少因长期震颤中与接触物磨擦的磨损。

三是要尽可能减少增氧泵的使用时间，避免不分季节地日夜连续使用（在水质尚好、鱼体不大、养鱼的密度不大、水温也比较正常、鱼未浮头的情况下，不应连续地长时间使用，宜开2～3小时后就停，待到必要时再开一段时间）。因连续长时间使用，会使泵体过热，影响其使用寿命。

四是不可将增氧泵安放在低于鱼池（或鱼缸）的地方，否则，在增氧泵停止工作时，水会由气头进入皮管，倒流流增氧泵内，损坏泵体，甚至发生漏电、着火等严重事故。

增氧泵容易出什么故障？应如何防止？

任何器械，即使原本不存在质量问题，用的时间长了，都难免要出现故障。增氧泵容易出现什么故障呢?那就是容易出现气板、气头冲不出气的故障。饲养者如果经验欠缺些，就会认为出了大毛病，拿去修理。其实并没出什么大毛病，自己是可以排除这种故障的。

气板和气头的堵塞，是由于它们长期浸泡在水中，被水中积聚的污物和石灰质以及附着在上面的青苔把细孔堵住而造成的，尤其是在气候温和的季节，附着在气板、气头上的青苔类植物生长极快，必然会把那些小孔甚至整个气头完全包裹住，堵得增氧泵出不了气而失去作用。

此外，长期浸泡在绿色饲水中的塑料管，其管子的内壁上也会长有一层青苔状植物，并且在气候适宜的季节会迅速增长，最后把塑料管堵塞得严严实实。

解决这种故障的做法很简单，就是经常查看这些部件是否有积垢和青苔等污物积聚，若有，就要及时加以疏通和刷洗。

水族箱中过滤器的作用是什么？

水族箱中的过滤器由水泵和滤材两部分组成，由水泵推动水经过滤材，由滤材对水进行物理过滤和生化过滤。物理过滤可将鱼的排泄物及食物残渣等过滤下来，生化过滤是指滤层能吸附有害物质。要使过滤器充分发挥功能，通常要保证滤材的体积占水体体积的20%左右，水泵的流量要能使水体在1小时内循环2～3次。

常用的过滤器有哪几种？各有什么特点？

依过滤器的过滤方式、过滤功能及特性的不同，可分为以下几种：

（1）箱外过滤器

箱外过滤器又分外部吊挂式过滤器、底部过滤器和浸溢式过滤器等多种形式。外部吊挂式过滤器是将过滤器装置吊挂在水族箱侧面或上方，水由水泵抽入滤槽内，经过滤材过滤后，再从过滤器底部的出水口流入水族箱中。使用这种过滤器，不利于硝化细菌的生长，且冬季加温时热量容易散失，最好与底部过滤器结合使用。

（2）沉水式过滤器

沉水式过滤器又叫内置过滤器。是一个内含水泵和过滤材料的封闭组合，可以直接放在水族箱内，利用潜水泵直接吸水进入过滤槽，经滤槽中的滤材及其上的硝化细菌过滤后流回水族箱内，具有机械过滤和生化过滤的作用。该过滤器体积小，噪音低，容易管理和使用，但处理水体较少，故只适用于较小型的水族箱。

（3）滴流式过滤器

这种过滤器中使用了多孔性、表面积大的滤材（如生化球等），与普通过滤器相比，在体积相同的情况下，这种过滤器能够提供更大的表面积来培养硝化细菌等微生物。其原理是：水族箱中的水进入溢流管流进过滤槽中，经过较致密的滤材、滤棒的机械过滤，再由过滤球上培养生成的硝化细菌等微生物分解水中的含氮化合物等物质。

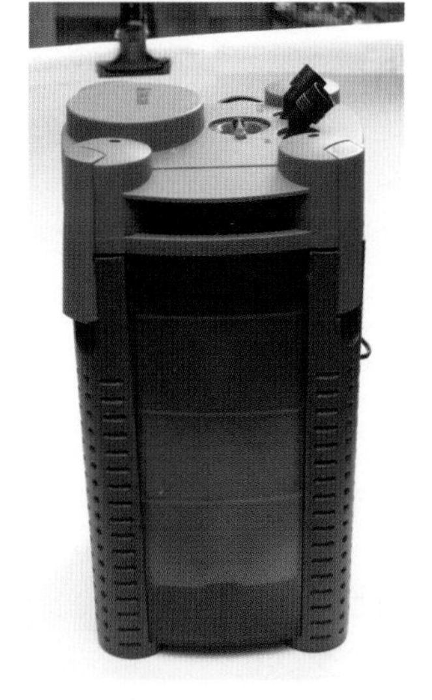

滴流式过滤器由于采用物理、生化、化学多层次的过滤，其效果非常好，但价格较高，目前多用于饲养较名贵的观赏鱼和海水水族箱。

（4）沙槽过滤器

这种过滤器是将表面密布细孔的沙石作为滤材，水流经过装有沙石的过滤槽，利用沙石表面细孔既可起到过滤又可让硝化细菌生长的作用，可得到机械和生化的双重过滤。还可利用沙石释放出来的碱性物质，调节水族箱中水的硬度和酸碱度。

其他还有很多过滤器，因为价格较高或家庭不适用等，在此不作介绍。过滤器并不是用得越高档越好，

而是应根据水族箱的大小，所饲养的品种及家庭条件而定，以避免不必要的浪费。

常用的滤材包括哪些?

（1）过滤棉

就像棉花一样，它是一种人工合成材料，不易腐烂，比较耐用，可以过滤水中颗粒比较大的杂质，还能附着硝化细菌。当污垢在其中积存过多时，需要及时清洗，且需要定期更换。

（2）生化棉

外表像海绵，但比海绵的孔隙大，可培养更多的硝化细菌。用于机械和生化双重过滤，因此，不能过度清洗，只要保持表面清洁即可。

（3）生化球

为人工制造的球形多孔结构塑料球。由于具有交错的网孔结构，氧气交换效果好，能提供最大的生化表面积，有利于硝化细菌的繁衍和生长。生化球只能进行生化过滤，故不可经常清洗，因此使用时前面必须有机械过滤部分（如过滤棉等），将水滤清杂质后再经过生化球。

（4）活性炭

具有多孔结构，有很强大的吸附本领。根据用途的不同可制成粉状和颗粒状，用于水族箱的过滤系统具有褪色和除臭的功能，净化水体快。每次使用的时间不宜太长，当水族箱的水清澈无异味后，即可将活性炭取出，并用盐水冲洗后放在太阳下曝晒备用。

（5）沙石

种类较多，如珊瑚沙、麦饭石、沸石等，用沙石作为滤材是最为普遍、最为经济的，使用的方法多种多样，可以起到机械过滤和生化过滤的双重作用。不仅如此，不同的沙石还有其不同的作用，如由南方采集的珊瑚沙会释放出碱性物质，非常适合海水水族箱和饲养丽鱼科鱼类使用。将红色、黄色、蓝色、绿色、白色和黑色等不同颜色的彩石，依颗粒规格分成单色或混合，可作为鱼和水草的底沙。麦饭石表面密布细小的孔，是净化水体的好材料。沸石（又称泡沸石）表面细孔密布，既是硝化细菌生长的良好温床，又是氨、氮等有毒物质强有力的吸附材料。

水族箱恒温加热器有哪几种规格？怎样选用？

观赏鱼由于大都来自气温较高的地区，故一般适宜的饲养水温是20～28℃，且温差不宜超过2℃。当水族箱内的水温达不到要求时就要使用加热装置。

目前常用电热管进行加热。电热管由耐高温的玻璃制成，连接在恒温控制器下面的是电热丝，在电热丝与玻璃管空隙内填有石英砂。使用时其上端挂在或以吸盘吸附在水族箱的上方或上侧壁，约3/4沉入水中，连接电线的一端露出水面。通电时，电热丝发热，把热量传递给石英砂，给水体加热。大多数电热管都有自动调温的功能，当水温高于设置的温度时，电热管会自动切断电源（指示灯熄灭）；当水温低于设置的温度时，电热管又会自动接通电源（指示灯亮起）。电热管根据功率可分为25瓦、45瓦、60瓦、150瓦等。一般来说，60瓦的电热管用于45厘米×24厘米×30厘米的水族箱，150瓦电热管用于60厘米×30厘米×36厘米的水族箱，250瓦的电热管用于75厘米×45厘米×45厘米的水族箱。

总的来说，选择电热管的功率是依水体的大小、气候和所养殖的观赏鱼类及控制的温度等因素而定的。在选购电热管时，要认真查看电热管的玻璃和玻璃管的封口处，看看是否有裂缝，有裂缝的电热管千万不能用，否则会因漏电造成事故。还要检查电热丝是否发热，控温调节器能否正常工作。使用时，千万不能让电热管露出水面太多，以免外壳受热而炸裂。

水族箱常用的温度计有哪几种？

常用的有贴膜式温度计、玻璃棒式温度计和电子式温度计3种。

（1）贴膜式温度计

是一种以胶贴于水族箱外壁上，感受水族箱壁传导出的水温，靠颜色的变化显示温度。这种温度计易受气温变化的影响，故温度显示不很准确，初学养鱼者不宜使用。

（2）玻璃棒式温度计

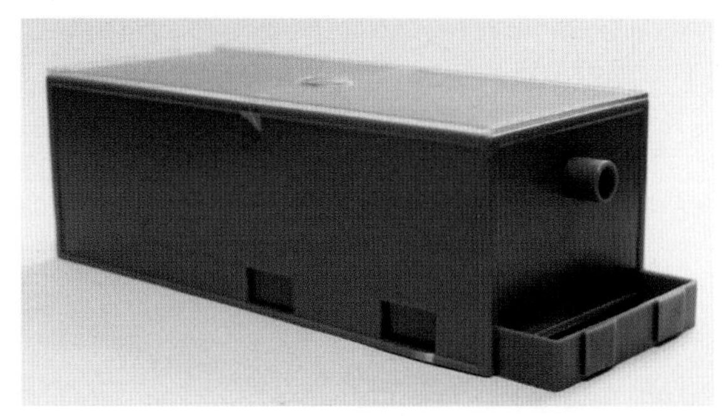

是使用较为广泛的一种温度计，准确性相对较高。分为两种，一种是酒精加色素的，一种是水银的，后者比前者更准确。需要注意的是，这种温度计在大型水族箱中使用时会经常被鱼儿咬破，应加以注意。水银温度计被鱼儿咬破后，水银会对鱼有致命的伤害，故在大型水族箱中应选用酒精加色素的温度计。

（3）电子式温度计

这种温度使用非常方便，可直接读取温度，也很精确。还有计算机控制的自动显示和记录的温度计。这些温度计放在水族箱上很显档次，但价格高。

选购温度计时，应根据需要和经济实力等，选择易于观察、显示清楚和安装、使用方便的温度计。

光照度是怎样表示的？

光照度的单位是勒克斯（Lx），1勒克斯等于1坎德拉（烛光）光源照射距1米处的表面的亮度。一般晴天正午日光直晒时光照度约1万勒克斯，而饲养观赏鱼的水族箱中的光照度只要有1 500勒克斯就可以了。水族箱的光照是由照明设备提供的，因此也要了解照明设备的强度单位。各种光源通常用光通量来表示其强度，单位是流明（Lm）（光通量或光流的国际单位），这个值一般在产品说明书上都有标注。在计算每种光源的效能时通常将瓦数考虑进去，即算出每瓦产生的光通量，这样可以帮助饲养者选择最低瓦数灯炮，通常40瓦的荧光灯标注的光通量为360流明，其效能就是9流/瓦。

水族箱的光源有哪些？各有什么优缺点？

水族箱常见的光源有：白炽灯、荧光灯、水银灯等，每种灯各有其长处和特点，饲养者可根据所养的观赏鱼对光线的要求和观赏效果进行配置。

白炽灯的光源为偏黄色，灯的温度较高，在冬季除了照明作用外，还可以为水族箱加温，缺点是耗电量大，照明面积小，故采用较少。目前荧光灯较为广泛采用（普通灯管的效能为9流/瓦），它不但省电、照明面积大，而且颜色较多，有蓝色、红色、紫色等，选择什么颜色的灯管，应根据所饲养的鱼来决定 ，如饲养橘黄色的七彩神仙鱼，可选用红色的灯管，这样可以增加整个水族箱的暖色调；饲养红绿灯鱼可以选用淡蓝色灯管，以突出红灯闪烁的效果。目前市面上还有一种专供水族箱养鱼用的紫外线杀菌灯，既可以用于照明，又具有杀菌功能，是一种理想的人工光源，但价格较贵，主要用于小型水族箱的照明。

水银灯光谱较全，光色纯净，效能为52～55流/瓦，由于灯管中有卤素气体，能发出强烈的青蓝色，光亮度较荧光灯强上许多，不但能满足水族生物的生长需要，还能产生很好的观赏效果，故非常适合较大较深的水草造景水族箱、岩礁生态水族箱使用。但使用时需要注意两点：由于它含有紫外线，灯的辐射角度又大，因此必须有一个抛物形的灯罩，与玻璃滤光器配合使用，并离水族箱40厘米以上，以减少光源损失，使人在水族箱前时不直接看到灯光为宜；再就是水银灯不适宜在海水水族箱中使用。

如何选择水族箱照明灯具？

选择水族箱照明灯具，看似简单，实际上需要考虑的因素很多。首先要看水族箱养的是什么鱼，需要怎样的光照度，然后决定选用什么灯具、瓦数及个数。如果单纯饲养观赏鱼，情况就非常简单。由于观赏鱼对光照的适应范围较为广泛，故光源较易调配，几乎所有的水族箱灯具观赏鱼都可以接受。如果水族箱里既有鱼又有水草，情况就复杂了。水草除了对水温有一定要求外，对光照的需求也非常苛刻。水草需要光照进行光合作用，合成自身生长所需的物质。没有充足的光照，施再多的肥水草也不能生长。如何调配水族箱的光源是一个非常专业的话题，本书在这里无法作详尽、专业的讨论，只能就如何选择灯具及实用性作些介绍。

在选择水族箱的照明灯具时，要考虑经济性、实用性和与环境的搭配。普通荧光灯的发光效率不如生物灯的发光效率高，而且生物灯可以较低的瓦数产生较大的光照度，就是价格较高。荧光灯、生物灯在安装时较悬挂式水银灯更容易拆装、移动，特别是封闭式的水族箱，大都采用荧光灯和生物灯，不论在家庭、办公室，还是公共场所，可以随意变换水族箱的位置。

选择灯具还需要考虑的有：一是灯具外壳是否为铝制，因为铝制品比较坚固耐用，而且散热性能良好；二是灯具的电源稳压器是否安装在灯座内，如稳压器在外面，非常占空间；再就是最好选用双灯管的，不仅适用于水草水族箱和岩礁生态水族箱造景，而且可根据需要开一盏灯或同时开两盏灯，但选用多只灯管的灯具，会给管理造成麻烦。

水族箱中置景需用些什么材料？

我国民间有句俗话："红花需有绿叶扶持。"供观赏用的动植物要使之更富观赏性，也需要互相映衬，才能更加美不胜收。所以在水族箱内，人们都喜欢精心地设置些景物，以达到“以景衬鱼”的完美效果。

配景的材料很多，主要是各种石材，其次是各种形美色鲜的水草以及田螺、河蚌、文蛤、四角蛤和各种形状的贝类外壳。近年来，又出现了一些用塑料制成的色彩鲜艳的各式各样的小配件。

用于置景的石料品种很多，在不同的置景设计中，需用不同的石料。在诸多石料中，其外形与质地皆独具特色，各有所长，各有所用，下面略作简介。

（1）沙积石

此石松软，间有细孔，有较强的吸水性，由于其质地较轻，又名之为浮石。它适宜于各种小型植物特别是藻类植物附生，若将其加工成具有若干洞孔及凹陷，其洞穴间可栽植水草或各种水藻，形成水中绿被，青翠悦目，犹如天生的美景。此石长处较多，常受置景者的重用。

（2）湖石

又名太湖石，因常被堆砌制作花园中假山，故又称假山石。此石形状变化多端，质地坚硬，外表光滑，多呈曲线圆形，无尖锐棱角，作为水族箱中布景材料，不会触伤鱼体，且其形状具有云彩状的优美，故而深受置景者的喜爱。此石各处都有圆形凹洞，常可洞洞相通，十分适合作为砌造曲径通幽的庭院假山之用，江南著名园林之中，到处有其踪影。近年来，它被热带鱼爱好者用作水族箱中的置景材料，极为得体，颇能显示自然界的优美景色。

（3）卵石

此石形状多为圆形，外表光滑，大小不一，其中色泽鲜艳者，被选作水族箱中置景之物，十分合适，有红、黄、蓝、绿、灰、白、黑等色，且有诸多色彩层层相间者，犹如精心设计的图案。南京著名的雨花石，即为中型和小型的卵石，圆润可爱，在水族箱的置景中用上一颗或数颗作为点缀，可收到画龙点睛的效果。

（4）斧劈石

此石亦为天然石料，青灰色、黑灰色或棕黄色，也有包含五彩的和灰中带白的。此石若经人工雕琢，可制成气势雄伟的奇峰险岭，布置成突兀在水中的美景，或被镌成逶迤曲折、连绵起伏的群峰，或被凿成挺拔俊秀的假山，布置在水族箱底，别具一番情趣，所以此石被视为主要的置景材料之一。

（5）英石

此石产于我国南部广东、云南等地，是一种灰黑色的石材，其质地极为坚硬，不适于加工雕琢，但有清晰的纹理，成层成片，适宜于制作笔立的险峰与低矮的丘壑，置于水族箱中，可形成奇特的岩石胜景。

（6）水晶石

此石表面光滑，色泽浅淡，乳白而呈半透明状，犹如白玉般光洁剔透，十分适合在水族箱中布置成淡雅大方、质朴自然的景色。热带鱼游弋其中，格外鲜丽动人。

斧劈石

（7）石笋石

此石硬度适中，但不适于雕琢，断裂处及边沿皆有锋利的棱角，并有小洞眼遍布全身，很具美感。作为水族箱置景使用，需进行锉磨加工，磨去棱角，否则极易伤及鱼体。由于其外形极似竹笋，故命名为石笋石。此石产于浙江、江西一带，产量很小，故而比较珍贵，在水族箱中置景，选择小型者较为适宜。

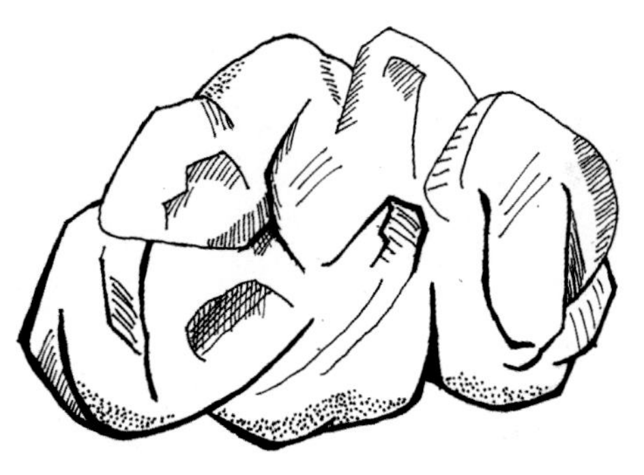

英石

（8）钟乳石

此石又名乳管，是由石灰质在天然的洞穴中形成的，其形态千奇百怪。此石质地疏松，脆软易碎，含有大量钙质，若用于水族箱中置景，需先放入水中浸泡数日，消除去一部分有害的物质后再用。由于各地所产的钟乳石酸碱度差异较大，所以在使用此石置景的水族箱中放养鱼后，要注意鱼的反应和动态，若发现鱼有不适的反应，就应拿出此石，用其他石料替代。此石生长在山洞之中，数量甚多，分布极广，在全国各地洞穴中皆可采得，购买价格也很便宜。

钟乳石

水族箱中的置景材料除上述各种石材外，还有其他一些可用的材料。

（1）珊瑚

珊瑚是大量珊瑚虫的石灰质骨骼聚集而成的，其颜色有红、白等色，也有黑色

的，形状像树杈，种类繁多，形态各异，可作为许多场合的装饰用品。它也是热带鱼水族箱中最常见的装饰品，将其置于水族箱的绿色水草丛中，显露出其白色和红色身姿的一部分，在万绿丛中映衬出一点红或一点白，极为别致美观。珊瑚在使用前，应该用漂白溶液反复浸泡和清洗，洗去其盐分和其他杂质，方能作为置景使用。

（2）贝壳

贝壳是一种生长在海中的软体动物的外壳，其质地坚硬，具有美丽的纹饰，作为装饰品的上佳材料，很受人们的喜爱，因而有人在海滩捕捞这种贝类动物，并作为商品出售。人们在捕到后，先用温水浸泡，待其壳张开时，剪断其闭壳肌，剔去贝肉，并将其外壳洗涤干净，作为装饰品利用。在鱼类水族箱中摆置几枚显得华贵典雅，增添观赏价值。

（3）海螺

海螺是大海中沿岸或珊瑚礁区域中生活的一种贝类软体动物，在沿海地区的海床、海岸经常可以见到。它虽没有绚丽多彩的颜色，但螺壳上黄灰相间的条纹或咖啡色的斑纹，也颇具美感，尤其是那长螺旋形的螺壳，很有观赏价值。从海岸拾取或从市场购得活海螺后，需先用清水浸泡1～2天，漂净外壳泥沙、壳内污物及盐后，放入水族箱内，与美丽的热带鱼互相映衬，可收到相当美妙的效果。

（4）红螺

红螺是一种原产于澳洲江河中的动物，是著名的观赏螺类。其体形较小，外壳颜色鲜红，作为装饰品使用，富丽堂皇，常有渲染热闹、喜庆气氛的效果，是一种用途较广的装饰材料。这种小动物喜欢在水草叶片上和饲养容器的箱壁上缓缓爬行，成为一种奇特的、活动的装饰品，深受人们喜爱。

（5）木制饰物

这是一种经过精选出来的、在水中长期浸泡都不会腐烂的木材雕琢而成的小饰品，常被制作成小船、小虫、亭子、远景中的楼阁或远山上的高塔等饰品，若被配置在水族箱中，则可以构成具有深层意境的画面，收到很好的观赏效果。

（6）水草

水草是生长在热带、亚热带江河、溪涧或水塘中的植物，品种很多，将这种水草配置在水族箱中，可以形成优美清雅的景观。它可以极为自然地和艳丽的热带鱼和睦而协调地生存在一起，既起到对鱼儿的陪衬作用，又可以使鱼儿获得栖身、隐蔽和养护之所，有利于观赏鱼的生长和发育。

（7）石底沙

用在水族箱底部的沙，虽无优美的形态和色彩，但却是水族箱中造景所不可缺少的。不论设计的是陆上景观还是水底景观，都需要有底沙相衬，因而底沙也算作置景的重要材料之一。在水族箱的底部，铺沙的厚度一般为2～6厘米，所用的沙，最好是大小适中，既易于水草扎根生长，又利于清洗，不致常常泛起沙尘。底沙在使用前，需经过数次清洗，洗去泥污等杂质，避免水族箱中的水质受其污染。

水族箱的置景材料应怎样选择和处理?

置景是一门学问，设景者不仅要有饲养热带鱼的实践经验，还需要有一定的美学知识和园林景物布置的知识。

常见的置景材料，有山石、溪沙、水草、珊瑚和海螺壳、贝壳等，但这些材料含有一定的杂质和鱼类不适应的化学物质，必须经过一定的化学药品处理和清水的漂洗，才能在水族箱中使用。

垫在水族箱底部的沙，称为底沙，多取自溪流中较粗的溪沙，其颗粒一般以2～5毫米为好。这种沙取回后，先要用清水反复冲洗，接着用高锰酸钾溶液浸泡1～2天，浸泡后再用清水多次清洗。

山石和湖石，不宜采用强碱性或强酸性的，应选用中性的。有些山石和湖石在水中浸泡后会析出石灰质，其中含有不利于鱼类生长的成分，这类石材不宜采用。应在采用前先做试验，浸泡2～3天后无石灰质析出者才能用高锰酸钾溶液消毒洗净后使用。

水族箱中置景用的水草，应选用那些经得起浸泡而不腐烂的品种，有些水草采集时应连同根须一起采下，以便能在水族箱山石的洼洞中或底沙中栽植成活，使箱中景色更具蓬勃生气。水草采回后，也应先洗去泥浆污垢，放在前述的消毒药液中浸泡5～10分钟，再次漂净后使用。

近些年来，有些养鱼爱好者在水族箱中放置几块小型珊瑚，制作成水下的景观，别具一格，引人入胜。小型珊瑚置在水中像是朵朵盛开的鲜花，确实很有观赏性。需要注意的是，珊瑚放入水族箱前，应磨光锋利棱角，以免戳伤鱼体。

海螺、贝壳由于原来就出自水中，清洗起来比较简单，只需漂洗去壳中的盐分就可使用。

水族箱中置景有哪些程序和方法？

在水族箱中置景有两种方法，多数人用的是全景箱，即在水族箱的绝大部分空间中置景，这种做法的优点是置出来的画面优美，水质可保持较长的时间，观赏价值较高，但清洗起来要麻烦一些，耗费也大一些。也有些饲养者采用半裸箱置景法，就是在水族箱的前半部置景，后半部空着，作为喂食的水域，这种做法的景色会稍差一些，但可节省一些费用，清洗起来比较简单、方便。

置景的程序是：首先在底沙中掺入一些种植水草所需的基肥，拌匀，用一小部分沙在箱底铺上一薄层，在种植水草的部位多铺一些，其余的沙可以根据设景的需要加铺在某些部位，形成景中高低起伏的山坡和丘陵的景象。

接下来是摆置山石。摆放时，应先摆较大的一两块，再摆中等大小和较小的石块，可以根据所设计的构图来处理摆放的位置，或砌成险峻的石岩，或摆成低矮的山丘。摆置是否恰当、美观，这就要看置景者的审美水平和想象力的丰富程度了。

然后是栽种水草。栽水草主要是使水草的根须能深浅适度地栽入沙中，使其成活率高，在这方面，有养花经验者可以一展才华。其次，要考虑如何能使水草以最佳的形态舒展在水域中，映衬出整体景色的优美自然。一般的做法是把较大型的水草种植在水族箱的靠后部位，作为背景，小水草栽在较前的部位，显示出分明的层次。这里需要掌握的原则是：不论是山石、水草还是珊瑚等材料和饰品，都应该在后部摆得多些、密些，而前部只能摆设小型的水草，且要稍少些，否则就没有层次感，前面的景物挡住了观赏者的视线，看不见后面的景色了。

最后将箱壁的污垢和沙粒冲刷干净，置景工作便已完成。完成置景后的水族箱还不能立即将鱼放入，还需等待一个时期，直到栽植的水草根须在沙中成活，能自行吸取营养后才能放养鱼，一般需数周甚至1～2个月的时间，如过早地将鱼放入，则会妨碍水草成活，破坏景色。

水族箱中有哪些常见的置景组合？

在水族箱中置景，可用的材料很多，除了主要的材料溪沙、山石和水草之外，近来饲养者又巧妙地使用珊瑚、贝壳以及用石质雕琢成的小桥、小亭、人物等点缀画面的小制品，若运用得当能起到画龙点睛的效果。

置景的画面，可根据观赏者和设景者的喜好来制作。

（1）水草和沙的组合

这种组合，一般适合于喜爱简朴自然者欣赏，水域显得幽静而典雅，可令欣赏者感到心情宽舒、恬静。

（2）溪沙、山石与水草的组合

这种组合是以山石和水草置在箱后部，而以溪沙铺满底层形成有凹有凸、高低起伏的地面，显示出远山近水、绿荫依依的可人美景，再衬上色彩斑斓的小鱼游弋其间，颇具引人入胜的魅力。

（3）多种石料组合砌成岩洞景观

以众多石料为主体，用大小山石、湖石和小石笋等，在水族箱后壁及左右壁等处砌成形似岩洞的石壁，底层仍铺上溪沙，堆制成高低错落的洞底，并零星摆设一些碎石，成群的小鱼游弋其间，俨然群鱼漫游岩洞，展现出神奇妙景，令观赏者有置身洞府仙境、飘飘欲仙之感。

（4）溪沙、水草及贝壳组合成海底景色

用较多的溪沙、水草和珊瑚铺成有一定斜面的海底模样，并摆放一些海螺、海贝的外壳置成活脱脱的海底景观，让色彩美丽的小鱼飘游其间，使观赏者犹如身处海底，可带来令人神往、舒心快意的景观。

什么是底质？水族箱中的底质有什么要求？

水族箱底部铺的一层沙子、石块、鹅卵

石等通称底质。底质是热带鱼水族箱中为改善鱼类生态环境和置景所不可缺少的，它对热带鱼的产卵、仔鱼隐蔽、景物点缀及美化水体环境起到重要作用。

铺设底质时，切忌选用细沙，因细沙沙粒之间十分紧密，不透气，不利于水草定根和生长，且易使水族箱中水体浑浊。沙粒直径一般在1～2毫米，沙砾直径以4～5毫米为宜。所选的沙，必须不含石灰质，否则时间长了，沙中碳酸钙溶于水后，会增加水的硬度，影响鱼的生长。底沙颜色最好是深色的，深色底质最能衬托热带鱼和水草美丽的天然色彩。

选作底质的沙石必须清洗干净，经消毒杀菌后才可放入水族箱使用。底质铺设的多少、厚度，一般要依据水族箱的大小而定，底质数量不宜过多，4～5厘米厚即可。

另外，底质的铺设还要视所饲养热带鱼的品种、习性及对环境的要求来安排。如胎生鱼类和斑马鱼，就要选用小鹅卵石铺底，当种鱼繁殖时，可为仔鱼或卵提供安全处所。对喜欢在水草上产卵的鱼种如裙尾、老虎翩翩等，箱底铺放粗沙，再种上些水草，则有利于鱼儿的生长和繁殖。

第六章 青青水草，悠悠鱼心

什么是水草?

水草是生活在水中的高等植物，包括蕨类植物和水生被子植物。水草由根、茎、叶组成，体内有纤维束组成的管道，起到运送养料和支撑的作用。与陆生植物的区别在于，水草只能生活在水中。

水草可分为沉水植物、挺水植物、浮叶植物和漂浮植物四大类。

（1）沉水植物

指根（根茎）在水底扎根，茎、叶全部沉没水中，仅在开花时露出水面，是典型的水生性植物。

（2）挺水植物

指植物在水底扎根，而茎、叶片露出水面，几乎是水陆两栖类植物，水生性较弱。

（3）浮叶植物

指植物根、茎生长在泥水中，叶子的柄很长，浮于水面。

（4）漂浮植物

指植物漂浮于水面，根系则退化为须根状，以吸收营养和保持平衡。

水族箱中最常用的水草一般是沉水植物和挺水植物，浮叶植物次之。因为前两者的茎、叶都位于水中，可以轻易从水族箱侧面观赏到，因而被广泛使用。

水草有什么作用?

概括地说，水草有以下四个方面的作用：

（1）美化水族箱环境

在水族箱中栽种适宜的水草作背景，不仅能烘托气氛、装点环境，更能淋漓尽致地勾画出观赏鱼的自然风采，尤其是那些鱼体透明度较高的鱼，若无水草陪衬，它们晶莹的体态就显示不出来。

从观赏角度看，水草本身就是观赏植物，观赏鱼有水草的衬托，更能显出其天然的魅力，而水草有了活泼好动的鱼类穿梭其间，也就更显得生机勃勃。

（2）净化水质

水族箱中鱼儿吃剩下的残饵、排泄的废物被微生物分解，产生氮磷化合物。这些化合物会污染水质，危害鱼类。如果种植了水草，水草会吸收、利用这些化合物供自身生长，并通过光合作用，释放大量的氧气，改善水族箱的环境。

（3）为鱼儿提供栖息的环境

对观赏鱼而言，优良的水草能产生“家”的感觉，使它们生活得更舒适，长得更健壮。夏季时，水草生长茂盛，可为鱼体遮阳，起到降温和减少光照的作用。

（4）用作产卵巢，促进孵化

水草不仅是鱼儿歇息的依附物，也是某些产黏性卵鱼类繁殖时鱼卵的附着物，是最佳的产卵巢。实践证明，黏性卵可以附着在水草上，在水草丛中孵化，可大大提高孵化率。例如，神仙鱼、金鼓鱼、蓝三星鱼等产黏性卵的鱼，就喜欢把水草当作产卵巢，而且孵化率较高。

（5）为鱼儿提供部分饵料

水草可以作为部分鱼的补充饵料，特别是可提供动物性饵料中所缺少的部分维生素，如维生素C和B族维生素。当然，如果是草食性鱼类，就不宜与较名贵的水草共养。

观赏水草的种类有哪些?

水草与动物一样，也是按门、纲、目、科、属、种的方式分类的，但这样的分类过于专业，太烦琐，因此，为便于分类、记忆，又有利于了解某一类水草的特征，目前将具有观赏性的沉水植物按其形态特征分为五类，即有茎水草、丛生水草、皇冠水草、椒草和榕类水草，有三百多种。

此外，也可将观赏水草按叶子的特征分为宽叶类、狭叶类和小叶类。宽叶类植株较大，叶片宽阔，如琵琶草、万年青草等；狭叶类植株中等，叶片狭长，呈条状，如空谷兰草、牛犁草、扭兰草等；小叶类植株较小，叶片也小，如檀香草、瓜子草、扇子草、金丝草等。

什么叫有茎水草?

有茎水草的共同特征是整棵水草只有一根主茎，没有分枝，主茎有很多节，每个节上长出对生或轮生的叶子。有茎水草的生存能力特别强，如果将其折断，折断的部分又可以从底节生长

出根来，长成另一棵水草。当植株生长一段时间后，会从节上长出幼株，像一个侧枝，逐渐长大后将其脱离，可形成一个新的个体。由于这些特点，有茎水草极易在水族箱中扦插繁殖。

有茎水草是水族箱中很常见的一类水草，它们大多是被一丛丛地种在一起，或者种一两棵作为点缀。它们通常是些小叶的水草，如红玫瑰、小对叶、小柳等，但也有的可以长得较高大，如大宝塔、艾克草、大柳等。

什么叫丛生水草?

丛生水草的特征是没有茎，在同一个根上长出很多叶子而形成一丛叶子的状态。不仅如此，这个根还会不断地生出匍匐茎和地下茎进行繁殖，周围新生出的一片植株的根会因为是出于同一条地下茎而连在一起，这样，一棵草就占据了很大位置。这种水草生长非常旺盛，容易妨碍其他水草的生长，因此要注意经常修剪。

常见丛生水草的品种较多，如小水兰、中水兰、香菇草、草皮、波浪草、香蕉草、大水兰、丝带兰、韭菜兰、红芋等。这些水草通常长得较大，如波浪草、大水兰等，但也有些长得很细小，如小水兰、香茹草等。细小的多用作前景草，而高大的则大多用作背景草。此类水草大多比较容易种植。

什么叫椒草?

椒草应属于丛生水草，但因其叶片呈独特的辣椒形状，叶脉较明显，而且叶片的边缘有些褶皱，叶柄又细软而有别于其他丛生水草。不仅如此，椒草不像其他丛生水草那样叶子有层次、整齐，椒草的叶片显得比较杂乱，外观看起来像被横竖堆放在一起似的。因椒草的种类繁多，有几十种，是观赏水草中的一个大家族，所以单独成为一类。

椒草原产于东南亚的浅水与沼泽地区，是一种强光水草。它们中的大多数比较矮小，通常被用作水族箱中的前景草或中景草；但也有的品种很高大，如气泡草等，可用作水族箱的背景草。除少数几种椒草（如虎皮椒草、汤匙草等）比较难种植外，很多常见的椒草适应性很强，很容易在水族箱中种植，因此已成为一种流行品种。

椒草的品种很多，常见的有墨绿椒草、咖啡椒草、波叶椒草、棕叶椒草、红椒草等。墨绿椒草叶片呈绿色或橄榄绿色；咖啡椒草的叶片绿色或深橄榄绿色至咖啡色；波叶椒草边缘皱褶较明显。这几种水草在水族箱中都比较好种植。

什么叫榕类水草?

水生植物的一个共同特点是，一旦离开水都会失去在水中时的舒展姿态，而且时间一长就会脱水干枯。但榕类水草却不会这样，它们具有根茎、厚实的椭圆形叶片和结实的叶柄，即使离水时间较长也会保持水中的样子，甚至可以被种植在潮湿的土地上。

榕类水草因其叶片较厚实，不易腐烂，通常比较容易种植，而且因其造型独特，很受欢迎。此类水草品种较多，但用于水族箱置景的榕草一般较小，通常高度只有8～15厘米，根茎像一段树枝横向生长，叶片深绿色，椭圆形。该水草一般平卧在沙中，露出一半，较多的侧生根深入沙中，从外表上看榕草根就像趴在沙面上似的。有时因受光线等的影响而使叶片生长发生变化，如可能会使叶片的叶缘形成波浪状生长，反倒更具美感。由于此草较矮小，最适合用作水族箱的前景草种植，会水平长出侧枝，呈现出茂密的样子。

什么叫皇冠水草?

在水生植物名称前冠以“皇冠”二字，是因为此类植物通常较高大，有着茂密的叶片和宽阔的叶面，外表看起来很壮观。

其实皇冠水草也是一类丛生水草，而且种类很多，但大多数是改良品种，有的是由品种与品种之间的杂交培育而成；有的是通过控制遗传基因，使其表现出某些突出的特征；还有的是基因突变的结果，使品种显得更加艳丽，如金顶皇冠和红蛋叶等。

皇冠水草因为比较高大、壮观，通常用在较大型的水族箱中作为主景草或背景草置景。用作主景草时，通常选用大小适中，形状稳健、对称，而且颜色带红色的品种，如红蛋叶、红斑皇冠、大叶皇冠等。做背景草时，通常选用高大直立，叶形如剑，颜色葱绿的品种，如波浪皇冠、象耳、九冠草、皇冠草等。皇冠水草中也有一些低矮的品种，如迷你皇冠草、针叶皇冠草、新卵圆皇冠草等，这些皇冠草高度一般不超过15厘米，比较矮小，既可以做前景草，又可以种植在小型水族箱中置景。

皇冠水草根系比较发达，常见的品种都不难种植，只要底质稍肥沃就行。水族箱中一旦用上皇冠水草置景，就会被它装点得郁郁葱葱，很有生气。

怎样选购水草?

在水族箱中栽种适宜的水草做背景，不仅能烘托气氛，装点环境，更能淋漓尽致地勾画出观赏鱼的自然风采，尤其是那些鱼体透明度较高的鱼，若无水草陪衬，它们晶莹的体态就显得不够清晰，色彩显得不够鲜艳，因而从观赏的角度看，水草就显得极为重要。

作为水族箱造景所用的水草，不仅要求品种好，而且在栽种前要仔细挑选。选购标准主要是参照以下几点：

一是，看叶片色彩是否鲜艳有生气，枝叶是否完整无损。

二是，如选根茎类水草，要选择根多、根粗茎壮、叶柄短而嫩、新芽多、没有青苔附着的植株。

三是，如选择块茎类水草，应选择块茎硕大、表面完整而饱满、无伤痕病斑者，最重要的是要带有叶芽，否则不宜成活。

四是，选择幼株比老株好。因为叶片多的老株在移植时容易受伤；而叶片少的幼株，其生命力旺盛，在移植时不宜受伤，且成活率高。

配置水草要注意哪些事项?

水族箱栽种的水草种类很多，它们的习性、颜色、大小、高矮各不相同，在栽种时除了要掌握一定的园艺技艺外，还得考虑到观赏鱼对环境的要求。因此，在配置时要注意以下事项：

一是，对于一些鱼体透明或浅色的品种，需选用一些深色的植物做背景，这样更能衬托出鱼体的可爱。

二是，对于一些体形灵巧、活泼的品种，不宜选用太茂密的植物，也不适合栽种那些叶面宽阔、植株高大的品种，否则鱼就不能自由穿梭游动，而且鱼体常被植物所掩盖。

三是，有些鱼类以水生植物为食或喜叼啄植物，常使茎叶折断，甚至整株植物被钻掘而浮于水面，饲养这类鱼时，水族箱内就不宜栽种植物，如要栽种，只能选择生命力极强的植物。

四是，根据自己的经济实力选用水草。如选用进口水草，其价格高，但生存时间长，一般3个月甚至半年更新1次，而普通水草通常1个月更新1次。

五是，选购水草时，要仔细检查，不能带有青苔等杂质。因为水网藻、丝藻、刚毛藻等大型藻类在水中繁殖极快，有时会影响鱼的活动，而且不易清洗和杀灭。

总之，配置水草时，需根据水族箱的规格和所饲养的观赏鱼的习性选择适宜的水草。

怎样给水草消毒？

取自天然水域中的水草，或从市场上购买回来的水草，都要先行摘除枯萎茎叶。为防止带入微生物和病菌、虫卵，应先以清水漂洗，洗净根部污泥，再进行消毒处理。水草消毒一般有以下几种方法：

一是，用自来水消毒。将洗净的水草放置在自来水中浸泡约30分钟，因其水中含有大量的氯离子，对附着在水草上的病菌具有一定的杀灭作用。最好在浸泡过程中滴3～4滴家用84消毒液。

二是，用食盐水或高锰酸钾溶液消毒。将洗净的水草放置在1%的食盐水中浸泡约30秒钟，或用0.1%的高锰酸钾溶液浸泡5～10分钟。

三是，用硫酸铜或铜铁合剂消毒。将洗净的水草放置在0.7毫克/升硫酸铜或铜铁合剂（硫酸铜与硫酸亚铁合剂，两者比例为5：2）溶液中浸泡10分钟。

四是，将水草浸入0.4%甲基蓝溶液中浸泡6～10分钟，再用清水洗净。

怎样在水族箱中栽种水草？

在水族箱中栽种水草就像家庭种花一样，离不开施基肥、修前等，但又有别于家庭种花，具体方法如下：

一是，铺底沙、施基肥。栽种水草之前，需先在水族箱底部铺上一层约3厘米厚、粗细适中的沙，然后在拟种草的部位施放长效基肥，最后再在基肥上铺放一层淘洗干净的沙子，最终控制沙层厚度5～7厘米。沙层不宜太厚，否则水草根系不能很好地吸收基肥营养，而且杂质沉淀过多易导致底沙发黑，破坏水质。但沙层也不能太薄，太薄水草容易浮起来，而且对水草的生长也不利。

二是，给水草杀菌消毒。去掉用于包装水草的塑料篮、铅条及暂时用于提供营养的泡棉。为防止外来水草带入病原微生物或寄生虫卵、螺类以及水螅等，要对水草进行消毒。

三是，栽前处理。水草经过长时间的运输，往往会扭曲变形，株形不美，因此，造景前先要将水草整束垂直插于沙中1～2天，待其自然伸展挺直后再行栽种。

种前对植株要进行修剪，剪去过长的须根、过密枝叶、发黄残破的叶片，使造景美观，同时又有利于水草日后生长。对于有茎水草，出售时一般不带须根或须根很短，只要剪掉腐烂、发黄或已经枯萎的叶子就行。对于蔓生水草，可用利刀将根部修掉约1/3，同时去除腐烂、发黄的叶片，甚至可以去掉一些过多的叶片。

四是，种植水草。水草的栽种方法很多，常用方法有：

缸栽法：把水族箱底部沙子拨一凹穴，将水草根部放入穴中，须根压入沙中，培沙并压上卵石。此法使布局完美，但清洗比较麻烦。

盆栽法：将水草栽于小盆中，再将小盆放入水族箱中。此法虽清洗方便，但种植的品种、数量及整体布局均受到限制。

压根法：对于浮生水草或缸底不宜铺沙的鱼缸，可将水草根部捆上小石或套入合适的玻璃管沉入缸底，用小石固定位置。

五是，往水族箱中注水。在种水草之前，就应把水族箱注水至正常状态的60%～70%，这样有助于水草造景时挺直在水中。注水时要缓慢进行，不要让水流冲击底沙。

水草栽种后应如何管理？

俗话说 “三分栽草，七分养护” ，因此说，水草栽种完毕，才仅仅完成一小半工作。要使水草生长旺盛，栽种后的日常管理非常重要，在管理方面应注意以下几个方面：

一是，注意调控光照。光照是植物进行光合作用的基本条件，生活在水中的水草也不例外。一般水族箱中的光照要比天然水域的中下层要强一些。不同水草对光照时间和光照强度的要求相差甚远。有些水草在高温、强光直射或光照时间过长时，会出现烂叶、枯萎死亡现象；而另有些水草在光线过弱、水温过低时出现烂叶、枯萎死亡现象。因此，正确掌握光照时间和光照量，对水草生长极为重要。鱼能承受的光照，水草不一定能承受得了。挺水植物如莲、菱、睡莲等，漂浮水生植物如水浮莲、浮萍等，能耐长时间的强光照和高温，在此条件下，它们生长繁茂并能盛开艳丽的花朵。

二是，注意调控水温。每种水草对水温有一定的适应范围，过高过低均会影响生长，甚至造成枯萎、死亡。热带水草一般适宜20℃以上的水温，少数能适应16～20℃的低温，但绝对不能低于15℃。温带水草可生活在不低于4℃的水体中。通常水温高，水草生长速度快。

三是，适时放鱼。刚刚种植好水草的水族箱，不可立即放养鱼类，因植物未成活，水族箱中水质未稳定，需经过2～3天后，水色澄清，水草开始发挥改良水质作用时，方可将鱼放入箱中。

四是，经常检查水体。当发现水族箱中的水浑浊不清或水呈褐色时，说明水体中缺少水草生长所需要的养分，不能完成正常的新陈代谢活动，应及时改善水质。

五是，定期修剪过密的水草。水草生长时间长了，会过于茂盛，同时老的枝叶会陆续枯萎、死亡并脱落，因此，需及时和定期修剪过多过密的分枝和已经枯老的枝叶，并经常捞出落叶。

六是，清除附着的藻类。当水草上有藻类着生时，可用硫酸铜溶液处理，或放入少量红螺，或1～2尾“清道夫”鱼，以帮助清除藻类。

七是，定期给水草消毒。为防止病害发生，水草与观赏鱼一样，需定期消毒。

此外，通常不必专门为水草施肥，因为观赏鱼的排泄物和呼出的二氧化碳就是水草的最佳肥料。

发现个别水草被鱼叼啄，使茎叶折断，甚至整株植物被钻掘浮于水面时，应及时用水草夹或镊子将水草插入原位置。

怎样在水族箱中布置水草？

栽种水草要有层次，不仅要考虑到多品种配合混种，还要考虑与观赏鱼的习性、形态相协调，以及水草对水质、温度、光照的要求。其布局应力求高低参差、错落有致，水草与山石的位置应力求左右平衡，保持画面的和谐。总的原则是：植株高大而生长茂密的水草，宜栽于石后或缸角作衬景（即后景草），将叶片宽阔且较高大的水草种植在水族箱的中部（即中景草），最后将茎矮叶疏的水草栽于石缝间或水族箱的前部（即前景草）。无根的水草，其基部可拴上一块小石或竹片，插入石砾中。若主石在水族箱的右边，则水草可种于左边。不管怎样布置，一定要做到画面协调，景物组合完美。

什么叫前景草？哪些水草适合做前景草？

前景草顾名思义就是种在水族箱前面的水草，这些水草都是些低矮的小型水草。前景草虽然种在前面，但是通常不是观赏的焦点，其主要是起铺垫、烘托和陪衬作用，只是造景的底色，如形成草坪、绿地等景致。

适合做前景草的水草高度一般都在10厘米以下，以细小密集的品种为主，如地毯草、红椒草、苏奴草、青花草、小水兰、草皮等。还有一些略高一些的品种，如香菇草、矮椒草、迷你皇冠草、苹果草等，既可以营造出矮灌木的景致，也可以作为草坪上的点缀物。用于装饰沉木的鹿角苔、矮珍珠等，也经常用作前景草。除此之外，一些特殊的小草，如红芋、小水榕等也可用作前景草，但大多只用1～2棵做点缀而已。瓜子草、小竹叶、小柳、铁皇冠、水芹、红蝴蝶等，此类水草长得很高大，通常使用其幼苗做前景水草，以营造出非一般的另类效果。如使用较高的水草做前景草，则要注意经常修剪，不要因长得太高而破坏水草景观。

什么叫中景草？哪些水草适合做中景草？

中景草是种在水族箱中间部分的水草，作为水草造景的重头戏，中景草起着承前启后的作用。作为中景草，要求美丽、醒目、独特，因为一般水草造景的视角焦点都集中在这里，约占总面积的1/3，大多使用多种水草表现造景主体。中景草的设置，是水草造景的精华部分，也是造景艺术的集中体现。因此，设计中景草时一定要精挑细选，不可马虎。

适合做中景草的水草其高度多在10～30厘米，以粗放、美丽、大方的水草为主，水草要完整无缺，有对称的美感；不宜将有缺陷的水草用作中景草。像各种皇冠草、榕类水草、椒草等，均适合做中景草。红颜色的水草也是做中景草常用的品种，如红蛋草、红芋、紫荷根、红柳等。某些有茎水草，如小柳、中柳、青蝴蝶、百叶草等，一丛一丛地种在一起，也很具有表现力。依附于沉木或底沙等支持物的如莫丝、鹿角苔、矮珍珠、苹果草等低矮品种，其可塑性和表现力都很强，可以表现出不同的造型，因此经常被使用。除此之外，一些奇特的水草，也适合做中景草，如香蕉草、网草、中宝塔草、狐尾藻等。有茎水草需要经常修剪，以保持适合的高度，其他水草也要经常修剪，以保持美丽的姿态。适合做中景草的品种很多，关键在于多种水草的搭配。

什么叫后景草？哪些水草适合做后景草？

后景草顾名思义是水草造景的背景，它是种在水族箱最后面的水草，高度一般都与水族箱的深度相近。栽种后景草的目的是为了挡住水族箱后面的箱壁，使画面完整，增加层次感。一般说来，背景草不需要种很多水草，简单自然的造型就可以达到很好的效果。后景草大多会铺满整个背景，但对有背景板的水族箱来说，有时也只是在局部栽种少量的后景草，以达到不对称的效果，有些甚至可以完全省略后景草，改用背景板来代替。一般水草造景中，大多还是会使用后景草的，特别是使用后景草来呼应中景草，以营造出幽深神秘的感觉。使用后景草时，通常都是用1～2种水草成片栽种，以后景草的单调来对比前面水草在色彩和形态上的多变。后景草所占面积为总面积的1/4～1/3，且一半以上被中景草挡住，起到名副其实的背景作用。

后景草一般选用长得既高又大的水草。细叶的丛生水草就很适合做后景草，如韭菜兰、水蒜、大水兰、波浪草、气泡草、扭兰草等。有茎水草可以长得很高，一丛丛地种在后面像一片树林一样，很有表现力，此类水草有红蝴蝶、青蝴蝶、大宝塔、红玫瑰、狐尾藻、大柳草等。但也有使用莫丝、苹果草等到低矮的水草做背景草的，通常是将它们固定在背景板上，给人一种像爬山虎或藤蔓的感觉，另有一番风味。另外，大叶的皇冠类水草也可以用作后景草，但不能大量使用，一般只选用1～2棵，而且大多是有细长叶柄的，如象耳草、圆叶皇冠之类的品种。

后景草一般不需要经常修剪，任其生长反而有良好的效果。如果扩张到其他水草的区域，就需要进行修剪，一般是剪掉新生的幼苗，或剪断地下茎，有茎水草如生长到水面时就应将其剪短。

参编人员名单：

安秀荣　柴瑞成　崔　一　程莉莉　戴松和　邓晶晶
范小路　方国良　冯青官　冯扬泰　冯　奕　高彩云
高　杰　李　利　李青凤　牛东升　石　爽　王宪明